Philipp Klipstein

Versuch einer mineralogischen Beschreibung des

Vogelgebirgs

in der Landgrafschaft Hessen-Darmstadt

Philipp Klipstein

Versuch einer mineralogischen Beschreibung des Vogelgebirgs
in der Landgrafschaft Hessen-Darmstadt

ISBN/EAN: 9783743471085

Hergestellt in Europa, USA, Kanada, Australien, Japan

Cover: Foto ©berggeist007 / pixelio.de

Weitere Bücher finden Sie auf **www.hansebooks.com**

Versuch

einer mineralogischen

Beschreibung

des

Vogelsgebirgs

in der

Landgrafschaft Hessen-Darmstadt.

Von

Ph. E. Klipstein,

Fürstl. Hessen-Darmstädtischem Kammerrath, der
Berlinischen Gesellschaft Naturforsch. Freunde
und der Gesellsch. der Bergbaukunde
Mitglied.

Berlin,

bei Friedrich Nicolai.

1790.

Dem

Durchlauchtigsten

Erbprinzen und Herrn,

HERRN

Ludwig,

Landgrafen zu Hessen,

Fürsten zu Hersfeld, Grafen zu Katzenelnbogen,
Dietz, Ziegenhain, Nidda, Hanau, Schaumburg,
Isenburg und Büdingen 2c. 2c. Russisch-Kai-
serlichen Generallieutenant, des St. Andreas-
und des Königl. Preussischen schwarzen
Adler-Ordens Ritter 2c. 2c.

seinem

gnädigsten Fürsten und Herrn

in tiefster Ehrfurcht und Unterthänigkeit

gewidmet

von

dem Verfasser

Philipp Engel Klipstein.

Vorrede.

Diese Abhandlung entwarf ich 1784. nach einer Reise durch das Vogels= gebirg. Sie war anfangs für die Hessischen Beiträge zur Gelehrsamkeit und Kunst be= stimmt, die aber bekanntlich bald hernach nicht mehr fortgesetzt wurden. Nun lag sie in meinen Pulten, und würde noch länger= darin gelegen haben, weil ich einen Zeitpunkt abwarten wollte, worin ich in Stand gesetzt zu werden hoffte, dieselbe mit einer Charte begleiten zu können, wenn mich nicht ein Schreiben des Herrn D. und Bergkadets Karsten in des bergmännischen Journals 2ten Bands 7ten Stück, das mir erst kürz= lich zu Gesicht kam, bestimmt hätte, sie einst=

weil

weil dem Druck zu übergeben. Vielleicht wird dadurch eine Vorbereitung veranlaßt, wornach sich desto mehr Vollkommenheit von einer künftigen Beschreibung dieser Gegend erwarten läßt. Ich habe dieselbe ziemlich bereiset, allein der Hauptgegenstand meiner Reise war doch ein anderer, als mineralogische Beobachtungen. — Ich habe viele Freunde darin, und mein Dienst selbst verschafft mir Nachrichten, welche zu diesen und jenen Beobachtungen führen. Ich glaube also wol, etwas Vollständigeres liefern zu können, als ein Fremder, welcher diese Gegenden zum erstenmal gesehen hat. Gleichwol ist es nur ein Anfang; ein Versuch, der in der Folge noch von andern, ja wol noch durch mich selbst in vielem ausgebessert und vollständiger gemacht werden kann.

Hätte mich Hr. Karsten vor seiner Reise von seinem Vorhaben benachrichtigt, mit größtem Vergnügen würde ich demselben mein Manuscript mitgetheilt haben. Vielleicht hätte

dieses

dieſes Anlaß zu mehreren Beobachtungen und
Betrachtungen gegeben. Indeſſen freut es
mich doch ſehr, daß Herr Karſten dieſe merk-
würdige Gegend geſehen hat, und nun das,
was ich davon bemerkt habe, gründlich wird
beurtheilen können. Es läßt ſich davon ſo
viel mehr erwarten, als wir beide, wie es
ſcheint, über die Entſtehung jener Berge nicht
ganz gleichförmig denken, folglich wahrſcheinlich die Gegenſtände oft in verſchiedenen
Geſichtspunkten betrachtet haben werden.

Noch gehöre ich zu denen, welche ſich
bei der Entſtehung dieſer Gebirge eine Verbindung der Würkungen des Feuers und
Waſſers denken. Da ich aber im Grund keiner Theorie über den Urſprung der Gebirge
mit Eigenſinn anhänge, ſo werde ich um ſo
leichter zu belehren ſeyn, weil der Umſtand,
daß ich nie die Gegenden, worin Vulkane
noch wirklich brennen, zu ſehen das Glück
hatte, mich allzu ſchüchtern macht, entſchei-
dende Vergleichungen anzuſtellen. Bis da-

A 4   hin

hin halte ich indessen dafür, daß jene Gegenden, worin die schwarze Wacke, oder der Basalt, und die Tufa die herrschenden Stein- und Erdarten ausmachen — wo die meisten Berge in der eigenen kegelförmigen Gestalt, abgestuzt oder mit Kränzen versehen, oder auch wie Zuckerhüthe ohne Veränderung auf der Kuppe erscheinen, eine besondere Revolution erlitten haben, die sich nicht besser als nach Annahme vorhanden gewesener und nun erloschener Vulkane erklären läßt. Mir, der ich im Schiefergebirg einen grossen Theil meiner jüngeren Jahre verbrachte, mußte der erste Anblick einer solchen ausserordentlichen Verschiedenheit in der Gestalt der Berge und der Art des Gesteins besonders auffallend seyn. Dieser Umstand, der mich das Abstechende zwischen beiden Gebirgsarten recht fühlen ließ, war schon hinreichend, mich zu denen zu ziehen, welche eine so ausserordentlich verschiedene Entstehungsart beider Gebirge lehren.

Auch

Auch ich traff weder Bimssteine noch un=
zweifelhafte Ueberbleibsel von Cratern im
Vogelsgebirge an, wenn man die vulkanische
Kränze nicht die Stelle der letztern vertretten
lassen will; allein was sich darauf antworten
läßt, ist von andern schon so oft gesagt, daß
ich es nicht wiederholen mag.

Nur eins, wegen der Bimssteine. Vor
einigen Jahren traff ich ohnfern Braubach
eine ganze Lage Bimssteine unter der Damm=
erde an. In dem Amt Braubach selbst fin=
det man meines Wissens sonst keine Spur
von Vulkanen. Die Andernacher erlosche=
nen Vulkanen sind auch noch in einiger Ent=
fernung. Können nun diese bekanntlich so
ausnehmend leichten Bimssteine nicht ehemal
von den Gewässern aus den höheren vulka=
nischen Gegenden in diese tiefere geschwemmt
und da abgesetzt worden seyn? Nun aber
die so häufige Tufe, sollte diese keine vul=
kanische, theils mehr theils weniger reine,
theils mehr theils weniger erhärtete Asche
seyn?

A 5

seyn? Raspe schikte mir ehemal italienische
vulkanische Asche und dergleichen von Kassel,
ich konnte keinen Unterschied bemerken. Will
man sie für Folgen der Verwitterung erklä=
ren, so sind doch die Lagen derselben an vie=
len Orten zu mächtig, als daß es glaublich
bleibe, alle diese Massen seyen so entstanden.
Von einem Theil glaube ich es selbst.

In jenem Schreiben schränkt Hr. K.
alle Steinarten des Vogelsgebirgs auf Ba=
salt= und Mandelstein ein. Das Gestein
bei Bobenhausen und Meiches ist Hrn. K.
diesemnach so wenig, wie das sogenannte
Erzgestein bei Homburg, wovon ich in dieser
Abhandlung Nachricht gebe, bekannt ge=
worden.

Die Ullrichsteiner Cisterne erkannte ich
nie für einen Crater, auch ist mir sonst nie=
mand bekannt, der dieser Meinung gewesen
wäre. Laien in diesem Fache machen sich
wol allerlei dergleichen Ideen, wer wird aber
dabei stehen bleiben?

Auf=

Auffallend war mir anfangs die Stelle:
„es iſt unrichtig, wenn Hr. Klip»
„ſtein das Schloß Ullrichſtein für den
„höchſten Punkt ausgiebt.

Ich glaubte, mich zur Zeit, als ich vor 10.
Jahren die erſte Abhandlung des mineralog.
Briefwechſels geſchrieben hatte, wo ich das
Vogelsgebirg bei weitem noch nicht ſo wie
hernach kannte, geirrt zu haben, und fand
nur die Art und Weiſe der Zurechtweiſung
hart. Allein als ich die angeführte S. 25
aufſchlug und oft durchlas, konnte ich nicht
einmal den Namen Ullrichſtein, vielweniger
die angebliche Beſtimmung, finden. Nun
ſah ich des auch angeführten Hrn. Voigts
miner. Beſchr. des Hochſtifts Fuld S. 113
nach; und es erklärte ſich: Hr. Voigt be-
zieht ſich auf mich, daß das Vogelsgebirg
vulkaniſch ſei, und ſagt dann erſt nach dem
Sternchen: Ullrichſtein ſolle der höchſte
Punkt ſeyn. Dieſes hat er alſo von andern
gehört, und die mögen vielleicht geſagt haben
im

im Amt Ullrichſtein ꝛc., woraus der
Misverſtand entſtanden ſeyn kann.

Doch ſolche Uebereilungen müſſen
Schriftſteller einander nicht hoch aufnehmen,
nur unbemerkt kann man ſie nicht laſſen.

Dieſer Abhandlung habe ich zwei Auf-
ſätze beigefügt: von den Lagerſtätten und
dem Urſprung der Salzquellen in der
Wetterau, und von dem vulkaniſchen
Gebürge in der Gegend Busbach.

Beide ſind bereits in den Heſſiſchen Beiträgen zur Gelehrſamkeit und Kunſt *) ab-
gedrukt, und ſollten eigentlich Vorgänger
von dieſer Abhandlung ſeyn; ihr Inhalt mag
mich rechtfertigen, daß ich ſie nun hier mit
derſelben vereinige.

*) 1784, im 1ſten und 2ten Stück.

Das

Das Vogelsgebirg,

insbesondere der Oberwald, Ullrichstein, und der Bildstein.

Unter der Benennung Vogelsgebirg begreife
ich den Hauptgebirgszug, welcher sich an
der östlichen Seite des Oberfürstenthums her-
zieht, nebst seinen Aesten, die sich in die Wetterau, überhaupt in die grosse Ebene, welche
das westliche Schiefergebirg vom östlichen Gebirge scheidet, verliehren.

Die Bewohner der niederern Gegenden haben zwar die Gränzen des eigentlichen Vogelsbergs enger eingeschränkt und sich ausgeschlossen.
Da aber dieses Gebirg mit seinen Aesten vollkommen zusammenhängt, und auch mit denselben
aus Gesteinen einerlei Art und Ursprungs besteht: so würde es gefehlt seyn, wenigstens
der Deutlichkeit schaden, wenn man sich in der
Beschreibung der Natur dieses Gebirgs zu sehr
an die gemeine Benennung binden wollte. Auch
ist mir Hr. Voigt S. 113. seiner mineralogischen Beschreibung des Hochstifts Fuld hierin
vorgegangen.

Da

Da in dieſer Gegend wenig für den eigentlichen Bergmann zu thun iſt: ſo mußte mir ein
andres Geſchäft, das mich hierhin rief, in eine
Gegend, deren nähere Betrachtung ſchon oft
mein Wunſch war, ſehr willkommen ſeyn; um
ſo mehr, da ich Nachricht hatte, daß das benachbarte Fuldiſche von Herrn Voigt bereiſet
worden ſeye, und beſchrieben werden ſollte.

Die größte Höhe iſt im Amt Ullrichſtein,
wo ſie den ſogenannten Oberwald ausmacht.
Südwärts erhebt ſich das Gebirg aus dem Yſen-
burgiſchen und Hanauiſchen, ſteigt dann bis
zum Oberwald, und verliehrt ſich von da wieder nordwärts gegen Alsfeld in die Ebene.
Dieſes iſt der Hauptzug. Gegen Weſten laufen mehrere Aeſte nach der Wetterau hin. Von
der öſtlichen Seite bin ich durch keine eigene Beobachtungen unterrichtet. Herr Voigt vermuthete ſchon S. 34. des 1ten Theils ſeiner Reiſe
durch das Herzogthum Weimar, daß das Rhöngebirg bis an die Vogelsberge fortziehe, S. 112.
und 113. der mineral. Beſchr. des H. St. Fuld
wird die ganze Gegend von Saalmünſter nach
Uerzel zum Vogelsgebirge gerechnet, doch ohne
ſich über den Zuſammenhang beider Gebirge zu
äuſſern. Nach der Charte ſollte ich glauben, die
Fulde ſcheide mittelſt eines aufſteigenden Thals
beide Gebirge, deren Zuſammenhang in der Gegend des hohen Dammersfelds, welcher nach
der von Hrn. Voigt S. 9. angeführten Gott-
hardiſchen Vermeſſung 3640′ über die Meeres-
fläche,

fläche, also noch 156' über den ſächſiſchen Fich-
telberg erhaben, und dem grand Seleve der Alpen ungefähr gleich iſt, zu ſuchen ſey

Nicht nur die Waſſer fallen hier nach ge-
genſeitigen Richtungen, ſondern es ſteht auch
überhaupt das vulkaniſche Gebirg unſerer Gegenden ungefähr in demſelben Zug, oder hat
dieſelbe Richtung von Oſt nach Weſten von den
Rhöngebirgen bis nach Andernach ꝛc. in wenig
unterbrochenem Zuſammenhang. Auf einer
petrographiſchen Charte würde ſich der Oberwald als eine Plattforme darſtellen, welche mit
ihren Aeſten einem verzerrten Sterne ähnlich
käme. Die ſtarke Quelle des Forellenreichs oben
auf dieſer Höhe, fällt gegen Süden, folglich dem
Rhein zu. Einen Büchſenſchuß davon ſoll eine
andere ſehr ergiebige Quelle ſeyn, welche nach
der entgegengeſetzten Richtung der Weſer zu
fällt. Beide ſollen Sommerszeiten ſo kühl ſeyn,
daß ohne Lebensgefahr nicht davon zu trinken
wäre. Vermuthlich iſt der ſogenannte Goldbrunnen die letztere Quelle, wenigſtens fließt er
auch nordoſtwärts aus. Als ich von Uurich-
ſtein hieher ritt, und verſchiedene Sagen von
edlem Gehalt der Erdarten, welche dieſe Quelle
ausſtoſſe, mich darauf neugierig machten, ließ
ich ſie mir zeigen. Sie liegt an der Ecke einer
Wieſe, und ſtößt eine graue vulkaniſche Tufa
nebſt einer rothen Erde aus, darin man durch
das Augenglas kleine gelbe metalliſch glänzende
Punkten bemerkt. In der Sicherung ſetzte ſich

ein

ein ziemlicher grauer Schlich, und es zeigten
sich einige wenige schwere dem Bleiglanz ähnliche
Flinker. Als ich die weißgraue Tufa von der
rothen Erde absonderte, so fand ich, daß erstere
zum Theil mit Salpetersäure braußte, letztere
aber nicht. Unter Wasser bemerkte ich bei er-
sterer nebst kleinen Körnchen Speckstein einige
kleine schwefelgelbe rhomboidalische Blättcher,
bei letzterer aber Kießfunken. Geröstet wurde
letztere schwärzlichbraun, es erschienen stahl-
blaue Flinker darin, und der Magnet zog etwas Eisen heraus. Mittelst einer ordentlichen
Erzprobe, wo aber Tufa und rothe Erde nicht
von einander gesondert waren, fand sich im
Probier = Centner ein Gehalt von 4 ℔ wenig
Silber haltendes Blei.

Auf dieser Höhe, wo man nichts als Basalt und Tufa wahrnimmt, hätte ich diese Miner nicht vermuthet. So wenig es räthlich
wäre, des Nutzens wegen, einen bergmännischen
Versuch darauf anzustellen, so interessant wäre
es doch für die Naturkunde, der Beschaffenheit
und dem Ursprung dieser bleihaltigen Erde weiter nachzuforschen.

Die Bräungeshainer Haide, welche bis
zur höchsten Höhe des ziemlich breiten Oberwalds zieht, ist eine der rauhesten Gegenden,
durchaus mit kleinen Hügelchen, Maulwurfshaufen ähnlich, besezt. Anfangs glaubte ich,
es seyen mit Moos bedekte Steine, das war
aber nicht, und ich mußte sie für Erhöhungen
halten,

halten, welche die ausserordentlich kalten Winde,
Eis und Schnee ausgezogen haben. Für eigentliche Maulwurfshaufen konnte ich sie deswegen nicht erkennen, weil sie sich weder rechts
noch links im Wald, sondern nur allein auf
der, der Kälte ohne alle Bedeckung ausgesetzten
Heide befanden. Schon mancher Wanderer hat
hier seinen Tod gefunden. Einst fuhr eine ganze
Gesellschaft Fuhrleute vorbey, als eben ein mit
unerträglicher Kälte verbundenes Schneegestöber
einbrach. Verschiedene Fuhrleute retteten sich
noch nach einer bey dem Teiche damals befindlichen Hütte, sprengten die Thüre auf, und
konnten kaum noch Feuer anmachen, sich zu er-
holen, andere blieben aber im Schnee, und
wurden nachher todt gefunden, die Pferde aber
nahmen keinen Schaden.

Dieser Wüste Südost erhebt sich der höchste
Gipfel des Oberwalds, der Taufstein. Ich
ritt durch eine schöne Waldung hinauf, ohne
sonderliche Spuren eines nahen Felsens wahrzunehmen. Endlich sah ich durch das Dickig
den Himmel vor mir, und stieg ab. Während
dessen waren einige meiner Begleiter vorwärts
gelaufen, und standen voll Erstaunen stille. Wir
befanden uns auf einem entsetzlichen Steinhaufen, dem gesuchten Taufstein. Nun umklet-
terten wir diesen zerbrochenen Felsen nicht ohne
Gefahr. Er hatte nur den einzigen Zugang,
da, wo wir heraufgekommen waren. Wenige Basaltfelsen standen noch, und alles saß

B   einem

einem vollkommenen Einsturz ähnlich. Halb
Schuh hohes Moos bedeckte die zum Theil ungeheuren Steinmassen. Die Basalte waren läng-
liche Vierecke.

Meine Begleiter, Pferdehirten von der na-
hen Stutterei, waren zu meinem Vergnügen
so eifrig, diesen Fels zu umklettern, als ich selbst.
Alles war bewundernswürdige Neuheit für sie.
Ungeachtet sie seit langer Zeit am Fuße dieser
Höhe gehütet hatten, so waren sie doch noch nie
hinaufgekommen. Schade! daß uns der dicke
Wald die Aussicht entzog.

Von hier wieder herunter, nordostwärts,
traff ich in unbeträchtlicher Entfernung einen
andern Basaltfels, Grisselfels genannt, an,
auch dieser war zusammengestürzt. Die Gestalt
gleicht einer Mauer, welche wie eine Treppe in
die Höhe gebaut und dann größtentheils rechts
und links zusammengestürzt ist. Ich mußte bis
zur höchsten Spitze mehr kriechen als klettern,
weil ich oft kaum zwei Schuhe Breite vor mir
hatte, und der jähe Absturz immer auf beyden
Seiten folgte. Die Basaltmassen sind abermals
zum Theil ungeheuer, und haben durch ihren
Sturz übereinander hier und da eine Art von Höhlen gebildet. Auch hier ist das Gesteine von Moos
bedeckt, auffer auf der südöstlichen Seite. Der
hohe Schnee, welcher den größten Theil des Jahrs
hindurch hier liegen bleibt, ist wohl die Ursache
davon.

Es

Es sind immer die bekannten schwarzen Wacken oder Basalte. Die Oberfläche ist fast durchaus in eine aschgraue Erde verwittert, und übrigens ganz narbigt, vermuthlich vom Moos. Schwarzer Hornstein, Corneus, war in einem Stük, das ich hier fand, wie eingebacken.

Ausser diesen beiden Felsen habe ich auf dem eigentlichen Oberwald wenig hervorragende Steine oder Felsen angetroffen. Inzwischen ist doch allenthalben, wo man etwas vom Inneren des Bodens erblickt, als eben bey dem schon beschriebenen Goldbrunnen, der vom Grisselfels nicht weit gegen Nordwest sich befindet, nichts als grauer Tuff und Basalt zu sehen.

Der ganze Oberwald mag gegen 2 Meilen in die Länge, und 1 in der Breite haben. Er macht auf seiner Höhe eine ziemliche Ebene, auf welcher sich der Taufstein südwärts kegelförmig erhebt. Die Oberfläche ist meist sehr wasserreich, daher Gras und Baumwuchs vortreflich. Die Nebel sind hier gar gewöhnlich, aber den Thieren unschädlich, und mit den ungesunden Dünsten niederer Gegenden nicht zu vergleichen.

Dieser Höhe westwärts, erhebt sich der Ullrichsteiner Schloßberg, so wie südwärts, der Bildstein als ziemlich hohe isolirte Kegel, welche gleich Vorposten vor dem Oberwald stehen.

Das Städtgen Ullrichstein hängt an der Mitte des Bergs gegen Osten. Es soll Anfangs an der westlichen Seite angebaut gewesen seyn, allein die Winde, welche aus der be-

nach-

nachbarten grofen Ebene durch drey verſchiedene
auffteigende Thäler, dem Bobenhäuſer, Feldaer
und Ohmthal, gleich als aus eben ſo vielen
Blasbälgen, deren Winde ſich kreuzen, hin-
aufſtürmen, und zu Zeiten ein immer fortdau-
erndes unerträgliches Sauſen, Ziſchen, Mur-
meln und Pfeifen unterhielten, nöthigte die
Leute, ihre Wohnſitze zu verändern.

Der Berg ſelbſt beſteht aus Baſalt. Durch
die Anlage des Schloſſes und der Stadt iſt aber
von der natürlichen Geſtalt ſo viel geändert worden, daß ſich nicht viel davon ſagen läßt. Doch
ſcheint er ſo gut wie ein benachbarter Berg,
der Köppel genannt, ſeinen vulkaniſchen
Kranz *) zu haben. Es ſtehen die innern Gebäude

*) „ So oft man oben auf den Vulkanen einen grofen
„ Umkreis mit hohen Rändern von Lava oder an-
„ dern Schichten, die auf der inneren Seite zer-
„ riſſen ſind, findet, ſo iſt dies nicht der Crater,
„ (wenigſtens nicht in der beſtimmten Bedeutung
„ des Worts) ſondern es ſind Ueberbleibſel eines
„ nach innen zu eingeſtürzten Kegels. Das Ge-
„ wölb, auf dem es ruhete, iſt durch die Explo-
„ ſion dünner und zugleich mit mehr darüber an-
„ gehäufter Materie beſchwehrt worden, hat alſo
„ endlich nachgeben und mit allem was es trug in
„ das Innere zuſammenſtürzen müſſen. Wenn ſich
„ eine ſolche Kataſtrophe ereignet, wenn der Vulkan
„ noch brennt, ſo machen ſich die Dämpfe und die
„ geſchmolzenen Materien einen neuen Weg durch
„ die Trümmer, und es entſteht ein neuer Kegel
„ mit einem neuen Crater, welcher mit der Zeit
„ im-

bäude des Schlosses auf einem Gipfel, um
welchen sich ein spitzzulaufender etwas ebener
Umkreis zieht. Vor dem inneren Thor ist eine
Cisterne, worinnen man an den Wänden die
gemeinen krystallisirten Basalte anstehen sieht.
Noch

„immer höher und gröser wird. Dies zeigt sich
„wirklich an den noch brennenden Vulkanen, wo
„man die grosen Ringe, welche die neuen Kegeln
„umschliesen, nicht alte Crater nennen kann,
„weil sie nichts weiter sind, als die Ränder der
„Brüche ehemaliger Kegel. Weil ich von derglei-
„chen Brüchen sehr oft werde zu reden haben,
„so will ich ihnen einen eigenen Namen, vulka-
„nische Kränze, geben. De Lüc im 2ten Band
der Briefe über die Gesch. der Erde, d. Ueb.
S. 81.

Ich weiß jenen Ringen, die ich um die Gipfel
vieler Kegel des Vogelgebirgs wahrgenommen
habe, auch keinen andern Namen zu geben. Zwar
enthielten sie selten einen großen Umkreis, doch
so groß und größer, als dessen de Lüc S. 101.
gedenket, und welcher nur 2 Morgen gebautes
Land umfaßte. Dann sind sie mir auch nur noch
als unvollständige Ringe vorgekommen, in der
Gestalt eines Ringfragens, so daß es das Ansehen
hat, als seye die Vertiefung entweder durch einen
Ausbruch oder Auswurf des neuen Kegels, oder
durch einen andern Zufluß von aussen herein zum
Theil wieder erfüllt worden. Die ausnehmende
Gleichheit der Gestalten dieser unvollständigen
Ringe auf sehr vielen Gipfeln verdrängt nach dem
Augenschein allen Gedanken einer bloß zufälligen
Entstehung derselben.

B 3

Noch im vorigen Kriege war dieses Schloß
mit einer Mauer umgeben, und koſtete manchem
rechtſchaffenen Soldaten und Officier das Leben.
Einſtmal als es bei Nebel überfallen wurde,
und die Zimmerleute ſchon das Thor aufzu-
hauen bemüht waren, wurden nach entſtande-
nem Lärm über 100 Mann, und darunter ſämt-
liche Zimmerleute, blos mit Steinen, zerſchmet-
tert. Von hier ſieht man gleich nordwärts
gegenüber den eben erwähnten Köppel, welcher
dem Ullrichſteiner Kegel an Höhe gleichkommen
mag, aber nicht ſo iſolirt da ſteht, ſondern
nordwärts mit einem vom Oberwald ausgehenden Aſt verbunden iſt.

Von ferne ſchien es mir, als bemerkte ich
unter dem Gipfel dieſer Höhe eine Vertiefung.
Ich beſtieg ihn, und fand einen deutlichen vulkaniſchen Kranz. Der Gipfel erhob ſich aus
demſelben, und die von ferne ſcheinbare Vertiefung war nichts anders, als der Abſturz,
oder der Rain des Kranzes, welcher hier gegen Mittag am breiteſten war, gegen Norden
aber ſich verlief.

Unterwegs beim Hinaufſteigen traf ich Lava
mit Zeolith an. Oben hatten die Hirten große
Steinhaufen errichtet, darunter leichte poröſe
oder ausgebrannte Laven, auch theils mit Zeolith, ingleichen braunrothe, dem Anſehen nach
tuffartige, aber ſteinharte Laven, ebenfalls
mit Zeolithen. Unter den Zeolithen fand ich
bläulich gefärbte Mehlzeolithen, dichte Zeolithen,

then, weiſſem undurchſichtigem Porzellan ähnlich. Alle in Hölgern. Endlich auch etwas
vulkaniſches Glas.

Dieſer Köppel weiter gegen Nordoſt, heißt
in der Nähe eine Gegend: Vögelsberg, woher eigentlich der ganze Vogelsberg ſeine Benennung bekommen haben ſoll.

Nun habe ich noch vom Bildſtein Nachricht zu geben. Dieſen Kegel beſuchte ich einſtmal von Schotten aus. Ich ritt wohl eine
halbe Stunde aus dem engen Schotterthale nordoſtwärts einer Höhe über Wieswachs und Weide
hinauf, und bewunderte den ſo waſſerreichen
Boden, au einer gleichwol ziemlich beträchtli-
chen Höhe. Ganz oben kam ich neben Michel-
bach vorbei. Hier waren die Aecker Feſtungen
ähnlich, mit ausnehmend hohen Wällen von
zuſammengehäuften Steinen, ſchwarzen Wak-
ken, umfaßt, und alles mit unglaublicher In-
duſtrie wirthſchaftlich benutzt.

Jezt kam der Bildſtein zum Vorſchein. Ich
mußte noch bergab, durch Bräungeshain, welches Dorf am Fuße dieſes Bergs liegt. Schon
in der Entfernung iſt der Anblik prächtig. Der
ſehr weitläuftige Umkreis des Bergs iſt ſanft
fallend, und hat nirgends, auſſer nahe am
Gipfel, einen jähen Abſturz. Hier und da liegen Millionen loſe, unförmliche Baſalte, wie
hingeſäet. Gleich hinter dem Dorfe, deſſen
Häuſer wegen des hier im Winter fallenden tie-
fen Schnees alle mit Holz getäfelt ſind, mußte

B 4   ich

ich über eine solche Steinsaat hinauf. Nicht
ferne von der größten Höhe traf ich einen Basaltfelsen an, eben den bemerkten einzigen Absturz, wovon entsetzliche Massen herabgefallen
waren. Sie bestunden aus länglichten vier-
eckigten Basaltklößen. Dieser Basalt hat viele
schwarze glasige Schörle in sich.

Hier ließ ich die Pferde halten, und bestieg
den Gipfel, in dessen Mitte sich der Fels em-
porhebt, welcher eigentlich Bildstein heißt. An
den Aesten vermißte ich die Aehnlichkeit mit den
krystallisirten Basalten im Amte Gießen, und
selbst an dem eben beschriebenen Absturze. Es
waren bloß Tafeln, 2, 3, 4, 5 und mehrere
Zolle dick, welche senkrecht neben einander in
die Höhe stunden. Sie kamen nebeneinan-
der, stufenweise immer allmählig höher hervor, dergestalt, daß man mit Gemächlichkeit
und ohne Gefahr bis zur größten Höhe des Felsens kommen, und sich daselbst zwischen den Tafeln ruhig halten und umsehen, dann aber weiter gegenüber eben so gemächlich wieder herab-
steigen konnte *). Die Grundmasse dieses Gesteins

*) Desmarest hat auch dergleichen Tafeln beschrieben,
und Strange will sie für eine Art vulkanischer Hornschiefer ansehen. S. Bernisches Magazin 1. Band
S. 137. 2. B. 2. St. S. 21. Letzteres läßt sich
wenigstens bei den Bildsteiner Tafeln gar nicht denken. Ob die unregelmäsigen Platten neben dem
alten Winterkasten bei Kassel, Kaspe Beitr. zur
allerält. Naturhist. von Hessen, S. 23, Aehnlichkeit mit diesen haben, zweifle ich.

steins war die der schwarzen Wacken oder Ba=
salten, mit einer aschgrauen verwitternden Ober=
fläche, voller schwarzen, meist glasigten, Schör=
len, kleinen Stükgen der isländischen Glaslava
vollkommen ähnlich; vermuthlich diejenige Ge=
stalten, welche ältere Naturforscher für verstei=
nerte Vogelskrallen 2c. hielten, und darin die
Ableitung des Worts Vogelsberg zu finden
glaubten. Dort wo ich hinauf stieg, schien mir
besonders eine Stelle mehr als andere in die Ver=
witterung übergegangen zu seyn. Ich hielt
mich in etwas dabei auf, und betrachtete einen
nicht unbeträchtlichen Ballen, oder eine vulka=
nische Kugel, woneben ich eine Tafel mit den
Händen losbrechen konnte, die ich auch mit=
nahm; sie ist nicht von der derben Basaltmasse;
sondern mehr ein tuffartiger Teig, worin eine
Menge Körnchen eingeknätet sind. Diese Körn=
chen haben zum Theil die Größe von Erbsen,
und bestehen meistens aus jener gelbgrünlichen
Substanz, der in den Basalten gemeiniglich vor=
handenen Schörlmassen: doch giebt es auch
schwarze Schörle darunter. Die Grundmasse
der Tafeln war, nach aussen zu, zum Theil in
gelblichen Thon übergegangen. Ich kann sie
für nichts anders als für eine Lava, und zwar
für eine lavenartige Breccia erkennen. Unver=
muthet sahe ich zu meinen Füßen eine lose Ba=
saltpyramide liegen, denen von Dransfeld ähn=
lich. Von den drei Flächen hatte jede 2″ im
größten Durchschnitte, mit einer Differenz von

1 bis

1 bis 2 Linien untereinander. Die Baſis hatte
wieder 2″ und war etwas ſchief. Die Höhe bis
an den erſten Abſchnitt $2\frac{1}{2}$″ — bis ans Ende
nahe 3″.; nemlich oben iſt die Pyramide über
$\frac{1}{3}$ abgeſtumpft, dann aber geht noch eine kleine
Erhöhung an: der Hacken, worin wahrſchein-
lich eine andere Pyramide eingeſchoben war.

So ſehr ich mich auch nach mehreren ſolchen
oder ähnlichen Stücken umſah, ſo war's doch
vergeblich, und ich konnte keine Spur mehr davon finden.

Der Hauptunterſchied von den Dransfelder
Baſalten, die ich beſitze, beſteht in den vielen
ſchwarzen Schörlen, womit die vom Bildſtein
verſehen ſind.

Die Ausſicht von dieſer Felſenhöhe iſt ganz
vortreflich. Man denke ſich einen Kegel von
ausnehmend weitem Umkreiſe, der nordoſtwärts
durch einen nicht ſehr breiten Rücken mit dem
Oberwalde, welcher nordwärts mit einer noch
gröſern Höhe, dem Taufſteine, hervortritt,
verbunden iſt.

Die Benennung Billſtein, Bellſtein, wird
von Belus hergeleitet. Ich ſollte eher glauben,
der Berg habe ſeinen Namen von einem ehmals
darauf geſtandenen Götzenbild erhalten. Dieſe
herrliche Höhe, wo viel tauſend anbeten konnten, mag den Prieſter zur Auswahl bewogen
haben. Am Fuße des Berges, und in der
Nähe rund herum, liegen viele Ortſchaften, die
ſich mit Hain endigen: Bräunges (Brunonis)
hain,

hain, Herchenhain, Gräfenhain, Bermuths-
hain und Hartmannshain; weiter davon, aber
doch im Vogelsberge, machen Festhain, Lan-
genhain, Reppgeshain, Götzenhain, Altenhain,
Waikartshain, Götzen, Rüdingshain, Völ-
fershain und Herzenhain sehr wahrscheinlich,
daß hier ehmals ein Götzenbild gewesen; auch
Busenborn kann eine Beziehung darauf haben.
Vielleicht suchten nachher die Christen die benachbarte noch gröfere Höhe, und tauften dort
das Volk auf dem Taufstein.

Nach Eschenrod, oder nach Mittag zu, hat
der Bilbsteiner Fels seinen Hauptabsturz. Hier
fand ich unter andern ein Stük Hornstein, la-
pis corneus, einem Pflaumenkern ähnlich, in
einem Basalt von knolligem Bruche, wie eingebacken, das nach dem Zerschlagen los wurde.
Auf dieser Seite ritt ich hinab. Unterwegs
traff ich ein ziemlich grofes unförmliches Basalt-
geschiebe an, das durch seine besondere gelbbraune,
eisenroftige etwas glänzende Kruste meine Auf-
merksamkeit auf sich zog. Von Eschenrod ritt
ich gegen Abend nach Schotten, bei der sogenannten Altenburg vorbei. Die Tradition
will, daß hier ein altes Schloß gestanden habe,
und daß es da herum auch noch spucke. Man
findet inzwischen weder einige Spur von Mauer-
werk, noch sonst gewisse Nachrichten. Ich klet-
terte über sehr steile Felsen, die einen rundli-
chen Bezirk, einem Fundament ähnlich, um-
gaben, und bedauerte nichts mehr, als daß die
ein-

eintrettende dunkle Nacht mich hinderte, diesen Gegenstand weiter zu beobachten. Vielleicht ist hier noch Aehnlichkeit mit einem Crater. Die Mauern ähnlichen, einen Kreis formirenden und eine gleiche Fläche einschliessenden Basaltfelsen haben vermuthlich den Gedanken an ein altes Schloß erzeugt. Zum Beschlusse muß ich noch eines schwarzen Schörls gedenken, den ich vor mehreren Jahren aus dem Amt Ullrichstein, ohne Anzeigung des Orts, wo er in demselben Amte gefunden worden, erhalten habe. Er scheint nur etwas über die Hälfte des Ganzen zu seyn, mißt aber doch 3 Zoll auf der breiten und 2" auf der schmalen Seite des Bruchs. An diesem Bruche bemerkt man das bei dergleichen Schörlen gemeine spathartige Ansehen, ausser in der Mitte herunter, wo sich Vertiefungen zeigen, einigermassen als wäre die Substanz da geflossen. Da dieser Schörl nicht ganz ist, so läßt sich über seine Krystallisation, wovon sich noch vier in einem Punkt zusammenlaufende Flächen zeigen, nichts bestimmtes sagen. Von der Gröse, die derselbe gehabt haben mag, (er war wenigstens einer ziemlichen Kindsfaust gleich) habe ich in unsern Gebirgen noch keinen gefunden *).

Nach=

---

*) Voigt im 2ten Th. seiner mineral. Reise durch das Herzogthum Weimar, S. 107. erklärt die Schörle in den Laven für Hornblende. Haidinger in der Eintheilung der K. K. Naturaliensammlung setzt S. 69. unter die Schörle die schuppige oder Hornblende=

Nachricht von einigen Aesten des Vogelsgebirgs.

Es können wohl gegen zwölf Hauptäste vom Oberwalde nach allen Weltgegenden hinlaufen, die sich hernach wieder in mehrere vertheilen. Man zählt gegen vierzehn Bäche, die auf dieser Höhe und nahe dabei entspringen.

Diejenigen Hauptzüge, wovon ich nach eigenen Beobachtungen Nachricht geben kann, sind:

1) Die hohe Strase.
2) Der Rücken, worauf das Drachenloch sich befindet.
3) Die Feldkröfer Höhe.
4) Die Höhen, welche das Thal nach Bobenhausen begleiten.
5) Die, welche das Feldaer Thal begleiten, und
6) Die Gegend nach Alsfeld und Romrod hin.

I. Die hohe Strase.

Dieser Gebirgsast geht in der Gegend des Bildsteins vom Oberwald ab, und wendet sich süd-

blende; den krystallisirten Schörl nennt er gemeinen Schörl. Dieser Unterschied wäre nun eben nicht so wesentlich, als die mehrere Feuerbeständigkeit, worauf sich Voigt gründet. Bis diese Materie von mehrern entschieden seyn wird, behalte ich die bekannte Benennung Schörl bei.

weſtwärts, bis er ſich in der Gegend Ortenburg und Lißberg ſüdwärts in die Ebene verliert. Sein Abſtand vom Oberwalde kann über 4 Meilen betragen. Die Hauptſtraſe aus dem Vogelsberg nach Frankfurt geht über dieſen Rücken hin, und hat daher die Benennung hohe Straſe. Die Baſaltgebirge heben ſich in der Herrſchaft Lißberg und ihrer Nachbarſchaft aus den niederen Leimgebirgen und dem Sandgebirge (welche hier und da kalchichte figurirte Iuffſteine enthalten) hervor. Das Schloß und die Stadt Lißberg liegen auf und an einem Baſaltberge. Das darunter befindliche Thal ſteigt von Weſten nach Oſten. In dieſem Thale, gerade unter Lißberg, iſt ein kleiner See, deſſen Waſſer eine nähere Unterſuchung verdient. Es iſt ausnehmend klar; Fiſche erhalten ſich nicht darin, und zum trinken kann es auch nicht gebraucht werden, weil es Ausſchläge verurſachen ſoll. Der Letten oder Schlamm des Sees iſt grau, und riecht wie faule Eier oder Stinkturf. Winterszeiten leiten die benachbarten Müller etwas von dieſem Waſſer auf ihre Mühlgräben, und erwürken dadurch, daß ſie ſelten einfrieren. Dieſem See gegenüber liegt eine Höhe vor, welche ſich weſtwärts ſenkt. Hier ſah ich den Wechſel zwiſchen Sand und Baſalt ganz deutlich. Wahrſcheinlich entſpringt die Quelle jenes Sees aus einem ſolchen Wechſel. In der Gegend der Scheidung im Walde kommt ein brauner Thon vor, der ausgegraben und als Walkertthon verbraucht

und

und verführt wird*). Oſtwärts durchkroch ich
verſchiedene tiefe Schluchter, ohne etwas anders als Baſaltmaſſen zu bemerken.

Das Lißberger Gebirge ſenkt ſich in etwas
nach Ortenburg zu. In dieſer Gegend finden
ſich eine Menge Schörle. Es ſind 6 ſeitige Säul-
gen an einem Ende mit 2 Flächen, wovon eine
kleiner iſt als die zwei andern ſind, und am andern Ende mit 2 Flächen zugeſchärft. Sie liegen auf dem Boden zerſtreuet, wo man ſie beſonders bei Sonnenſchein am Glanze wohl bemerkt. Die Farbe iſt ſchwarz, ins bräunliche
fallend. Auch findet ſich hier Lava von roth-
brauner Farbe, erdigt, voller ſpathiger ſchwarzer Schörle und gelblicher Schörlglimmer. Dieſe
Schörle ſind wie in den Stein eingedrukt. Wo
ſie herausgefallen ſind, da haben ſie theils viereckigte, theils runde Löcher hinterlaſſen. Auf
dem Stücke, das ich mitnahm, fand ich weiße
Kriſtalcher vierſeitiger Kriſtalliſation, oben und
unten mit 4 auf den Seitenflächen aufgeſezten
Flächen zugeſpizt. Mit Salpeterſäure brauſen
ſie nicht, aber vor dem Löthrohr brachte ich ſie
theils zu kleinen weiſen Tropfen, theils email-
lirten ſie ſich. Ich halte ſie demnach für weiſe
Schörle. Dieſe Lava ſcheint übrigens derjeni-
gen

gen ähnlich zu seyn, welche Voigt im Fuldischen in der Gegend des Succabergs und Roß-
bergs fand; wo auch Nro. 2. dieselbe Schörl-
kristallisation vorkömmt, welche ich an den hiesigen schwarzen Schörlen beobachtet habe *.).
Ortenburg sahe ich nur in der Ferne. Es ist
ein ordentlicher Kegel, der wahrscheinlich, wenigstens im innern, durch Basalt die Form erhalten hat, wenn es wahr ist, was mir gesagt
wurde, daß man nur Sandstein daselbst fände.

Das weiter südwärts liegende Dorf Blei-
chenbach ist deswegen besonders bekannt, weil
von daher der allergrößte Theil des Vogelsbergs
den Kalk erhält.

Sonderbar ists, daß in dem ganzen eigentlichen Vogelsberg und in allen seinen Aesten und
Thälern, nordostwärts, west- und südwestwärts, in einem ausnehmend grosen Umkreise
weder Kalk noch Sandsteine gefunden werden,
da doch beide Steinarten gegen Süden, Osten
und Norden, im Hanauischen, Fuldaischen und
im Amt Alsfeld, sich häufig finden. Ich wünschte
wohl zu wissen, wie es hierin in der Gegend
des Rhöngebirgs, überhaupt dem Fuldischen,
weiter ostwärts aussehe, und ob sich dort nicht
hierinnen wieder eine Aehnlichkeit mit dem Vogelsgebirge einstelle. Lißberg gegen Morgen liegt
das Hießenhainer Eisenhüttenwerk im Stoll-
berg-goderischen. Die Eisensteine werden theils
in dortiger Gegend, theils im Hessendarmstäd-
tischen

*) Mineral. Beschr. des Hochstifts Fuld S. 157. 158.

tiſchen bei Zwiefalten gegraben. Hr. Rath-
ſchöff von Lilienſtern zu Frankfurt, auf deſſen
Rechnung dieſes Werk dermalen (1783.) be-
trieben wird, hat auch noch eine Schmelzhütte
in der Nähe. Etwas über Herzenhain herauf
erblickte ich in dem öſtlichen Thale viele weiße
Thonerde von ferne, vermuthlich ein nach Saalmünſter, Orb oder Büdingen hinſtreichendes
Lager der Salzquellen. Oberhalb Nidda theilt
ſich dieſer Rücken in vier Aeſte. An dem einen,
Lißberg weſtnordwärts, bei Bobenhauſen, wird
ein trefflicher Sandſtein gebrochen, und auf allerlei Art verarbeitet. Eben dieſer Aſt, nachdem er ſich oberhalb Wallernhauſen wieder ge-
theilt hat, begränzt das Thal, worin die Stadt
Nidda liegt, oſtſüdwärts. An dem Abhange deſ-
ſelben, nach der Nied zu, neben dem Fußpfade
nach Lißberg, iſt ein tiefer Waſſerriß. Hierin
traff ich oberwärts erſtens mächtige Lagen aſch-
grauer, theils eiſenſchüſſiger, groslöcherichter
erhärteter Tufa an — darunter ſchwarze feſte
und ſchwere Baſaltkugeln in Geſtalt und Gröſe
mittelmäſiger Kanonenkugeln auch vierſeitige etwas abgerundete gegen 4″ lange Prismen — dann
weißen und grasgrünen Speckſtein — und nun
diejenige graue und grünliche Lava, deren ich
im erſten Stük meiner Briefe S. 26. Not. ****)
erwähnt habe. Damals kannte ich ihre Lagerſtätte noch nicht. Es ſind viereckigte Prismen,
gewöhnlich 3 bis 4 Zoll lang, 1 bis 2 Zoll
breit, in der Mitte gebogen. Sie liegen in be-

C   trächt-

trächtlichen Lagen aufeinander. Ihre Substanz
ist eine aschgraue mit weißen spatähnlichen Schörl-
flinkern und gelblichen Schörlen gemischte harte
Tufa, welche gegen das Ende zu in eine grüne
glasigte Lava übergeht. Die Farbe ist dunkelgrün, dem grünen Bouteillenglas ähnlich, die
Oberfläche aber nicht glatt, sondern körnigt.
Dieses Gestein hat auch Löcher, oder Hülger,
doch nur hier und da, sowohl im glasigten als
auch im erdigten Theile. Vor dem Löthrohr
fließt diese grüne Lava ausnehmend leicht in
eine porcuse schwarze Schlacke. Es ist also ein
sonderbares Mittelding zwischen Tufa, Lava
und Basalt, das der Kristallisation nach Basalt,
des glasartigen Theils nach Lava, und der
Hauptsubstanz nach versteinerte Tufa genennt
werden kann. Diesem Wasserrisse südwärts
an der Höhe finden sich schöne rothe Farberden,
weiter nordwärts kommt ein kleines Wässerchen
in einem sehr verengten Thälchen von Michelnau
herunter. Ich sah dort in der Entfernung be-
trächtliche schwarze Felsen, und bedauerte, daß
mir die einbrechende Nacht den nahen Augenschein derselben diesesmal verbot. Uebrigens
fand ich so wenig hier, als weiter auf dem Rük-
ken fort, bis Zwiefalten, etwas merkwürdiges;
allenthalben unförmliche Basalte und Tuferde.
Bei diesem Jagdschlosse, südostwärts desselben,
findet sich eine muldenförmige Vertiefung,
welche eine ziemliche Thonlage, die von einer
neuerbauten Ziegelhütte benuzt wird, enthält.

Un=

Unter diesem Thon ist ein Flötz Eisensteine an=
getroffen worden. Es sind Rasensteine, rother
blutfarbiger Ocker, und schwarze thonartige
Eisensteine. Sie werden aus runden Gruben
gefördert, weil der Thon meist ohne Zimme=
rung steht, und dermal auf die Hirtzenhainer
Hütte geführt und daselbst benutzt. Von Zwie=
falten hat dieser Rücken westwärts, nach Eichel=
sachsen zu, seinen Abhang. Es finden sich in
der Gemarkung dieses Orts überaus grosse, meh=
rere Schuhe im Durchschnitt habende Kugeln,
die sich schälen, und eine Menge Zeolith und
Schörl in weiß und grauer Tufa enthalten,
wenn ich mich Strangs Ausdruck bedienen darf:
grosse Zwiebelsteine *).

Als ich mich vor mehreren Jahren daselbst
befand, und, nach meiner Gewohnheit, ohne
Weg zu halten, die Felder durchstrich, wäre
ich sehr nahe, weil man mich für einen verdäch=
tigen Vagabunden hielt, gefänglich eingebracht
worden. Die Bauern hatten mir schon Je=
mand nachgeschikt, der sich meiner bemächtigen
sollte. Kurz vorher war in der Nachbarschaft
von Dieben eingebrochen worden. Eine Frau,
die sich vor mir hinter einen Baum des nahen
Waldes verborgen hatte, eilte ins Dorf und
meldete: daß einer quer Feld ein draus herum=
gehe. Man erkundigte sich nach meinem An=
zuge, und der Zufall wollte, daß die Farbe
meines Kleids mit der Farbe des Futters oder

C 2   Un=

*) Berner Magazin 2ter Band 2tes St. S. 139.

terzugs der Kleider jener Diebe übereinkam.
Nun war es ausgemacht, ich gehöre zu der
schönen Gesellschaft, und hätte den Rock umgewandt. Inzwischen entkam ich, ohne zu
wissen, was mir bevorstand, und erfuhr erst
den folgenden Morgen, daß dieser Vorfall man-
chen Bewohner des Orts diese Nacht um den
Schlaf gebracht hatte.

Von Zwiefalten fuhr ich bei der Knallhütte,
einem einzelnen Haus auf der Bräungeshainer
Haide, vorbei. Der dicke Nebel raubte mir
alle Aussicht, und ich befand mich, ohne zu
wissen wie, im Oberwalde.

II. Der Rücken, woran sich das Drachenloch befindet.

Dieser Rücken ist eben derjenige, über welchen ich von Schotten nach dem Bildstein reiten
mußte. Er ist der erste, der dem Bildstein
westwärts vom Oberwalde herunter südwest
zieht.

Ich besuchte ihn von Eichelsachsen aus, in
der Absicht, das sogenannte Drachenloch zu sehen, worauf ich um so neugieriger war, als ich
bis hieher noch nichts von einer natürlichen Höle
in unsern vulkanischen Gebirgen gehört hatte.
Sie befindet sich in einem dicken Gebüsche, auf
der Grenze, welche die Gemarkungen Rainrod
und Eichelsdorf am westlichen Abhange des Gebirgs scheidet. Der Förster, der mich beglei-
tete,

tete, hatte sie vor zehen Jahren zum letztenmal
gesehen, daher es viel Schweiß und Mühe ko=
stete, bis wir sie in dem dicken, und wegen eben
gefallenen Regens, nassen Gebüsche, fanden.

Inzwischen hatte ich Zeit, die abentheuer=
liche Tradition von dieser Höle, wie sie unter
dem gemeinen Manne sich fortgepflanzt hat, zu
vernehmen: „Sie soll von einem Drachen be=
„wohnt worden seyn, welcher zu Zeiten her=
„vorgekrochen — aus dem wohl eine halbe Stun=
„de davon entfernten Nibbafluß getrunken und
„dem Müller das Wehr verdorben habe, ohne
„daß sein Schwanz ganz aus der Höle heraus=
„gekommen wäre ꝛc.

Dieses Loch ist ganz rund, und hat kaum
einen Fuß im Durchschnitt. Es geht horizon=
tal in den eben nicht sehr steilen Abhang des
basaltischen Gebirgs. Ich fühlte mit der Hand
hinein, und fand die Rundung so ordentlich,
als wäre sie durch die Kunst gemacht. Das Ge=
stein war ein gemeiner schwarzer Basalt. Man
erzählte, daß mit grosen Stangen das Ende
nicht erreicht werden könne. Steine, die ich
hineinwarf, verursachten einen dumpfen Schall,
daher ich vermuthete, daß einwärts der Umfang
größer seyn müsse; und ich wurde hierin dadurch
noch mehr bestärkt, weil diese an sich kleine Oef=
nung, ungeachtet der von jeher hineingeworfe=
nen vielen kleinen Steine, sich doch nicht ganz
verstopft hatte. In der Absicht, durch einiges
Abteufen auf die Richtung dieser Höle, einen

E 3   nähe=

näheren Aufschluß zu bekommen, ließ ich es nach meiner Abreise examiniren, man hat mir aber geschrieben, daß man noch 7 Fuß Widerstand gefunden habe; Und dabei ist es denn auch bis jezt geblieben.

Wenn die mindeste Spur von alten Ruinen, und dergleichen, sich fände, oder auch am Umkreis der Oefnung einige künstliche Zusammensetzung wahrzunehmen wäre, so würde ich den Ausgang eines unterirdischen Gewölbes vermuthen; allein da von diesem allen nichts anzutreffen ist: so bleibt mehr Wahrscheinlichkeit für eine natürliche Höle übrig; wiewol nur eine Art von bergmännischen Versuchs hier entscheiden kann *).

III. Die Feldkröker Höhe.

Diese geht, dem Dorfe Feldkröken südwestwärts, vom Oberwald ab nach Westen hin, und

---

*) Einer meiner verehrungswürdigsten Freunde, Hr. Ingenieurhauptmann Müller zu Gießen, kam nachher 1787. mit mir überein, einen solchen Versuch vorzunehmen.

Wir ließen, unbeschadet der Höhle, einen Schacht vorschlagen, und dem Bergmanne kurz vor dem Durchschlage sichere Zeugen beigeben.

Nun fand sich, daß diese horizontale, vorn etwa 1' weite, zirkelrunde Höhle sich in der Länge nicht weiter als etwa 7' in den Berg hinein erstreckte, wo sie sich an einer senkrechten Steinfläche endigte,

dann zieht sie hinter Schotten südwestwärts
herab. Westwärts verbreiten sich die Aeste da=
von bis Staufenberg, Giesen, Münzenberg
und weiter.

Erst

endigte, nachdem sie sich trichterförmig 3′ breit
2 $\frac{1}{2}$′ hoch gegen hinten zu erweitert hatte. Das
Gestein, welches mir davon zugeschickt wurde, be=
stand in erhärteter grauer Tufa und gelbgrünem
vulkanischem Glimmer. Selbst habe ich noch keine
Gelegenheit gehabt, die Arbeit zu besehen, und
kann also auch nicht sagen, ob das vertikale Ge=
stein ebenfalls erhärtete Tufa oder Basalt seye.

Bei dieser Gelegenheit fiel mir ein, von mei=
nem ältesten Bruder, dem gegenwärtigen Amt=
manne der Herrschaft Epstein, einem Liebhaber
der Jagd, mehrmal gehört zu haben, daß er ver=
schiedne Höhlen in festem Gesteine angetroffen,
die ohnmöglich von den darin befindlich gewesenen
Raubthieren hätten ausgegraben seyn können. Ich
bat ihn um eine Beschreibung derselben, und theile
sie hier mit:

Die erste traf er in einem festen Schiefer (ar-
desia) bei Blankenstein im sogenannten Hain an.
Es waren eigentlich zwei Röhren, welche in einem
ziemlich rechten Winkel sich vereinigten, und nach
dem Laut der Hunde zu urtheilen, daselbst einen
weiten Kessel bildeten.

Die zweite war eine Röhre ohngefähr 12′ lang
in festem Thonschiefer=Gestein des Niederweiseler
Waldes im Amt Butzbach. Sie fand sich ohnge=
fehr 5′ unter der Dammerde, verengte sich nach
hinten zu in etwas, und theilte sich alsdann in

C 4   zwei

Erst will ich vom Hauptzuge desselben an der
Nidda herab Nachricht geben. Von Laubach
aus nach Schotten kam ich quer drüber hin.
Bald hinter Laubach ritt ich etwas aufwärts,
dann

zwei Aeste, jede ohngefähr nur 6″ im Durchmes-
ser. Weil sich zwei Dächse darin verschlupft hatten, so wurde sie mit grofer Mühe gesprengt,
welche Arbeit zwei Tage erforderte, und, als man
endlich am Ende der Hauptröhre die zwei Dächse
heraus zog, entdekten sich vorbemeldete zwei Aeste,
in welche man mit Stangen ungefähr 10′ hinein
fahren konnte, ohne das Ende zu bemerken.

Die dritte sahe mein Bruder nur in ihren Ruinen in dem Amt Blankenstein, wo Thonschiefer
die herrschende Steinart ist. Diese war sonderbar
gebaut. Sie befand sich am Abhang eines Bergs:
oben war die Eingangsröhre so weit, daß ein
ziemlich starker Hund durchkommen konnte. Diese
Röhre führte auf einen weiten Kessel, in welche
die Hunde 2–3′ herabstürzten. Aus diesem Kessel
führte eine enge Röhre unten am Abhange des
Bergs zu Tag aus. Weil die wenigsten Hunde sich
dadurch drängen konnten: so fanden sie in diesem
Behältnis ihren Tod. Eben deswegen ließ der
Revierförster dasselbe sprengen und er soll es zu
$\frac{1}{3}$ mit Knochen gefüllt angetroffen haben.

Alle diese vorbeschriebenen Röhren waren keine
Steinrisse oder Klüfte, worin man bekanntlich
Fuchs- und Dachshöhlen in Menge findet; sondern insgesamt ovalrunde Röhren in festem Gestein.
Die Röhren, welche die Füchse und Dächse graben,
sind meist ganz rund oder verlängern sich unten
und oben, gleichen einem aufgestülpten Ei, doch
zuwei-

dann aber fand ich den Boden ziemlich gleich mit
Waldung. Nur eines wilden Basaltfelſen
wurde ich gewahr. Nicht weit vor Schotten,
am öſtlichen Abhange mußte ich vom Pferde ſtei-
gen.

zuweilen mit Ausnahme. Die Röhren in feſtem
Geſtein aber, welche mein Bruder antraf, hatten
immer die Geſtalt eines liegenden Eies. Sollten
Thiere dieſe Röhren ausgegraben haben, ſo müßte
es zu einer Zeit geſchehen ſeyn, wo das Geſtein
ſeine jetzige Feſtigkeit noch nicht angenommen gehabt hätte.

Dieſem ſteht indeſſen entgegen:

Erſtlich) der Bau der Röhre No. 2. Die beiden Aeſte ſind für das Werk eines Dachſes allzu
enge; es müßte ein noch kleineres Thier geweſen
ſeyn.

Zweitens und vornehmlich die allzugroße Tiefe,
in welchen ſich dieſe Röhren zu jenen Zeiten befun-
den haben müſſen. Der Fels No 1. erſtreckt ſich
dermal noch wenigſtens 12' über die Höhle.
Wenn man nun bedenkt, wie viel Stein und Erde ſeit jener entfernten Zeit abgeriſſen und weg-
geſchwemmt worden ſeyn muß; ſo hätte ein ſolches
Thier tiefer unter die Oberfläche der Erde graben
müſſen, als man kein Beiſpiel hat. Dann würde
ihm das weiche und breiigte, das ohne Zweifel in
der Tiefe noch war, als die Oberfläche ſchon hart
zu werden anfieng, unüberwindliche Schwietig-
keiten gemacht haben.

Glaubhafter ſcheint es, daß alle dieſe Höhlen
ihre Entſtehung Wurzeln und Baumſtämmen zu
verdanken haben, welche bei einer großen Revolu-

C 5 tion

gen. Ein steiler Absturz führte über Lavenlagen, welche durchaus mit Zeolith durchsprengt waren, und rothe Erde, nebst grauer Tufa zur Unter=

tion in die weiche Masse, welche jetzt Fels ist, versenkt worden, nachher vermodert sind, und dann die Thiere diesen Moder ausgeräumt haben. Die Struktur dieser Höhlung scheint diese Muthmesung zu bekräftigen. Inzwischen die Struktur des Drachenlochs, da dasselbe, nachdem es sich trichterförmig erweitert, auf einmal senkrecht abgeschnitten wird, erregt doch hier wieder die Bedenklichkeit: woher dieser Abschnitt? Das Holz müßte bereits vermodert oder sehr erweicht gewesen seyn, als plötzlich eine härtere Masse eingedrungen, dasselbe gleichsam abgeschnitten, und den Rest ausgedehnt hätte. Da inzwischen diese Höhle sich dadurch wesentlich von den andern unterscheidet, daß sie in vulkanischem, jene aber in mehr flözartigem Gebirg entstanden ist; so kann man sich ihre Geschichte auch so denken: als die Masse noch weich war, sammelte sich Luft, und bildete gleichsam eine Blase. Gährung und Hitze dehnte dieselbe so aus, daß sie endlich an der Stelle des Drachenlochs, vermuthlich der dünnsten Rinde durchbrach, und bei dieser Explosion eine zirkelrunde Oeffnung bildeten; weil die Masse daselbst völlig gleichartig war. Die trichterförmige Gestalt mußte entstehen, weil hinten die Ausdehnung schon vor der Explosion eine solche Weitung eingenommen hatte.

Nachher mag denn eine verhärtete Masse bei einer zweiten Revolution eingestürzt und den senkrechten Boden erzeugt haben. — auch kann diese erhärtete Masse schon da gewesen, und der Ausdehnung widerstanden, also selbst damit die Explosion befördert haben. Ich

Unterlage hatte. Raspe *) fand im Drusel-
thal mit kleinen Steinen leicht zusammen ge-
backne Erde in einer starken Lage, unmittelbar
drüber feste, ungemein schwére schwarze Wacke.
Erscheinungen, welche sich, ohne vulkanische
Revolutionen anzunehmen, nicht wohl erklären
laffen.

Nun ritt ich wieder aufwärts zwischen zwei
Kegeln durch, deren Bau meine Aufmerksam-
keit auf sich zog. Bald hernach bestieg ich einen
derselben, und traf einen vulkanischen Kranz
darauf an. Es zog sich nämlich um ⅔ deß Um-
kreises des höchsten Theils deß Bergs ein steiler
immer abnehmender Rand. Oben war eine
kleine Ebene. Diesem Kegel gegenüber schien
der nördlich gegenüber liegende Berg eben so gebaut zu seyn. Als ich ihn aber nachher, auf der
Reise nach Ullrichstein, bestieg, fand ich ihn
nicht so isolirt, wie jenen, sondern nur als einen

Ich überlaffe dem Leser, aus diesen Muthma-
fungen anzunehmen, welche gefällt, oder auch eine
neue hinzuzudenken.

Aus dieser Höhle auf die Vulkanität der dortigen Gegend zu schließen, findet nur neben vielen
andern Gründen statt; da dergleichen Höhlen auch
in den unstreitig im Waffer entstandenen Gebirgen
vorkommen; nur daß wenigstens die zirkelrunde
Figur des Ausgangs gegen diese, soweit ich damit vergleichen konnte, vornehmlich einen wesent-
lichen Unterschied ausmacht.

*) Beitrag zur alleraltesten und natürlichsten Historie
von Heffen, S. 15.

nen halbkegelförmigen Absturz eines Aſts der
Feldkröker Höhe.

Die zwei aufſteigenden Wieſengründe von
Götzen und Betzenrod ſind, in einiger Entfernung von dieſen Dorfſchaften, noch mit vielen
zerſtreut liegenden Baſaltmaſſen und Steinen
wie beſäet; ſie werden aber durch den lobens-
würdigen Fleiß der Bewohner nach und nach
immer mehr bei Seite geſchafft. Auf dieſer
Höhe zeigte man mir Ueberbleibſel von Schürfen in Lava- und Tufa-artigem Geſtein, wo
betrügeriſche oder unwiſſende Bergleute, ich
weiß nicht wornach, gegraben haben. Beim
Selgenhofe kam ich der anſehnlichen Höhe herab
und ſahe bald den anſehnlichen Ullrichſteiner
Kegel vor mir. Von Schotten weſtſüdwärts
hinab wird das Gebirge ziemlich hoch. Ich ſah
es vom Drachenloch herüber. Nach der Erzäh-
lung des Förſters finden ſich daſelbſt auf dem
Schellenwalde große Felſen mit kriſtalliſirten
Steinen, ohne Zweifel Baſalte, dabei dann
wieder Märchen von einer wilden Frau und dergleichen umgehen. Im Spießwalde ſollen noch
Ruinen von einer alten Kirche, St. Georgen
Kirche genannt, bemerkt, auch hier und da alte
Münzen ausgegraben worden ſeyn. Endlich
ſollen ſich viele Stellen in jenem Forſte finden,
wo der Erdboden beſonders ſchüttert. In der
weiteren Folge umſchließt dieſer Rücken die
Stadt Nidda auf der weſtlichen Seite. Nach
ſeinem weſtlichen Abfall gegen Hungen zu, iſt
ein

ein Eisensteinflötz bei Langd, das schon oft ist bearbeitet worden. Auſſer dem thonartigen Eiſenſteine hat man daſelbſt eine Lage ſchwarzer fetter Erde durchbrochen. Geſchabt bekömmt ſie einen Eiſenglanz, und hinterläßt auf dem Papier einen ſchwarzbraunen Strich. Auch iſt mir aus derſelbigen Gegend ein weißlicher feinkörniger Sandſtein gebracht worden, der ſich aber nur als Geſchiebe gefunden haben ſoll.

Nun zieht derſelbe hinter Salzhauſen (einem aufſteigenden Thale, worin ſich die Salzquellen nebſt dem von mir in den Heſſiſchen Beiträgen beſchriebenen Thonlager befinden) herum. Dem Weg von Salzhauſen nach Nidda gegen Weſten finden ſich auf der Höhe Spuren eines Eiſenſteinlagers; und über den Weg ſtreicht eine ſehr ſchwarze Erde, welche ſchon verſchiedene Bohrverſuche auf Steinkohlen veranlaßt hat, ohne daß etwas weiter als Schörle darin gefunden worden ſind. Voigt erzählt dergleichen fehlgeſchlagene Verſuche auf einem Letten bei Salzſchlierf. Die Salzhäuſer Saline wird Herr Kammerrath Langsdorf in einem folgenden Theile der Sammlung für Freunde der Salzwerkskunde beſchreiben *).

Hinter dem Salzhäuſer Thale ſetzt das Gebirge nach einer ſchmalen Verbindung weiter nach dem Amt Bingenheim zu. Auf der gröſten Höhe, hinter Salzhauſen, ſtehen kryſtaliſirte

---

*) Dieſes iſt kürlich in den Schriften der Kurpfälziſchen phyſif. öfon. Geſellſch. geſchehen.

ſirte Baſaltfelſen hervor, auch fand ich Baſalt-
prismen, den Dransfeldern ähnlich; doch nicht
in Menge. Das, welches ich mitgenommen
habe, hat vier Seitenflächen, wovon eine nahe
⅓ der Länge a 5″ wieder von zwei Flächen, deren jede ſich in etwas in einen Haken endigt,
flach zugeſchärft wird. Die entgegen geſezte
Seite theilt ſich ebenfalls in zwei, aber kürzere
Flächen, geht überhaupt unten enger zuſam-
men, und beugt ſich zulezt nach der entgegen ge-
ſetzten Seite. Das Korn iſt weißgrau. Eben
dieſem Gipfel nordwärts, iſt ein runder Gra-
bierbau auf einer etwas niedrigeren Höhe er-
baut worden.

Bei Abteufung des Reſervoirs, welches von
dem erwähnten Bau umſchloſſen wird, und an
80000 Ohm enthält, fand ſich anfangs zuweilen ganz löcherichtes, mit Zeolith begleitetes,
einer ausgebrannten Lava ähnliches vulkaniſches
Geſtein. In der Tiefe verlor ſich daſſelbe, und
der Baſalt, oder vielmehr die erhärtete Tufa
wurde ganz. Ich werde mich zuweilen des Aus-
drucks: Baſalt oder verhärtete Tufa, bedienen, weil es wirklich oft ausnehmend ſchwer
wird, beide zu unterſcheiden. Bei dieſem Re-
ſervoir erſcheint auch wieder ein Lett, welcher
zum Waſſerbau treflich gedient hat. Bei Gra-
bung des langen Kanals aus der Nidda ſind an
einigen Stellen Baſaltſäulen und Tufa, worin
groſſe Tufaballen befindlich waren, durchſchnit-
ten worden.

Im

Im Amte Bingenheim wird dieses Gebirge
immer niedriger und der darauf liegende Thon
immer höher. Besonders hat der westliche Theil
dieses Amts, von der Horlof her, so wenig Abhang, daß die Landleute tiefe Gräben oder An-
tauchen bei ihren Aeckern halten, um das Wasser dahinein zu schaffen; auch ist der Wiesen-
grund zwischen Echzel und Bingenheim den Ue-
berschwemmungen so sehr ausgesetzt, daß er gröstentheils nur zur Weide gebraucht wird. In
eben diesem Grunde zeigt sich schwarze Turferde. Wirklich wurde ehemals Turf bei Echzel
gestochen, doch ohne daß es damit bis zum wirk-
lichen Gebrauche gekommen wäre.

Am östlichen Theile dieses Amts, zwischen
der Nied und der Horlof, behält das Gebirg
eine ziemliche Höhe. Bei Leyhdecken, welches
am westlichen Fuße desselben liegt, kömmt unter
der Lava und Tufa jene mehrerwähnte rothe
Farberde vor. Sie ist hier besonders schön,
zum Theil blutroth. Die Landleute bedienen
sich derselben zum Anstreichen des Holzwerks,
wobei sie die nämliche Dienste thut, als das sogenannte nürnberger Roth.

Hier fand sich jene knollige Steinart, welche Voigt in der angef. Schrift S. 173. 174.
und Habel im 2ten Th. meiner Briefe H. 2.
S. 212. beschreiben. Ich glaube, sie gehöre
zu den Pechsteinen. Von Bingenheim nach
Dauernheim zu traf ich dasselbe wieder an, und
zwar einen Strich, wo es in Menge auf den
Aeckern

Aeckern lag. Wahrscheinlich wird es hier, eben so wie bei Leyhdecken, wo man es anstehen sieht, Spalten der Tufa, Trummähnlich ausfüllen. Das Stück, welches ich von Leyhdecken mitgenommen habe, ist im Inneren rauchgrau, übrigens weißlich und honiggelb, an den Kanten des Bruchs durchscheinend. Es hat Chalcedonadern, darin eine weiße krystallinische Substanz, welche in Drusen weiße, blaue und gelbliche kleine Krystallen bildet, die theils Bergkrystalle sind, theils und meist aber fünfseitige, an den Enden abgestumpfte durchsichtige Krystallen. Der Bruch ist ziemlich eben, hier und da schülfrig. Aus der Gegend von Bingenheim besitze ich ein grosses ungestaltetes Stück, das aus mehreren kleinen zusammengebackenen Stücken besteht. Es ist honiggelb, und geht in einigen Stellen in weißblaulichen lapidem mutabilem über; bildet bald kleine Krystallen, bald warzenförmige Erhöhungen, die mit einer Kruste weißer harter Thonerde überzogen sind und gehet endlich hier und da in erhärteten und zersprungenen Thon über. Ein andres Stück ist knotig, mit zersprungener Oberfläche; giebt mit dem Stahle Feuer, übrigens aber weißer und und erdigter, mehr im Uebergang zum Thon. Geglühet ist's bräunlich worden. Es sind sonderbare Zusammenwüchse.

Dauernheim nordwestwärts, erhebt sich ein ziemlich abgestuzter Kegel. Südwärts bei Blofelden setzt, gleich unter dem Dorfe, eine Lage
weißen

weißen zähen Thons, worin rothe erdartige Ei-
fensteine liegen, über den Weg.

Bei Staden, in welcher Gegend sich die
Nied und die Horlof vereinigen, fand ich oberhalb des Orts eine Art blauen Thonschiefers.
Es war ein blosses Schotterwerk, dergleichen
ich nachher auch zu Langgöns im Hüttenberg
angetroffen habe. Der Schiefer ist mürbe und
kömmt nur in kleinen Theilen vor.

Es scheint, als wenn die Natur in den ehemaligen großen Revolutionen zuweilen eine
Partie aus dem westlichen Schiefergebirge abge-
rissen, und an ein und andere solcher Stellen
abgesetzt hätte.

Ehe ich das Amt Bingenheim und damit
diese Seite des beschriebenen Gebirgrückens ver-
lasse, muß ich noch etwas von dem Mineralwasser in dem Horlof-Thale sagen. Vor etwa
zwölf Jahren wurde in der Gegend Echzel nach
Salzquellen gesucht. Bei dieser Gelegenheit
kam man unter der Schwalheimer Mühle, nachdem man 80' tief gebohrt, und zuletzt eine Ba-
salt- oder Lavaschicht durchbrochen hatte, auf
eine Quelle, wovon das reine Wasser stärker,
als andere Wetterauer Mineralwasser, und dem
Pyrmonter am nächsten gekommen seyn soll.
Eine Gesellschaft, welche sich einige Zeit hernach
an die Fortsetzung dieser Bohrversuche machte,
ließ sich durch die Schwierigkeit der Fassung
wieder davon abwenden. Eben diese Quelle
brachte eine mit kalkartigen Theilen gemischte

D   Tufa

Tufa oder vulkanische Aſche hervor, welche eine
Menge Baſaltkörner, Schörle, Hyacinthen und
Glasritten enthielt. Ich habe ſie ſchon in meinen Briefen beſchrieben. Jezt iſt nichts mehr
davon zu ſehen. Von den älteren Geſundbrun-
nen dieſer Gegend kann ich kurz ſeyn. Nur
einen Auszug aus Zückerts Beſchreibung der
Geſundheitsbrunnen und Bäder Teutſchlands:
Das Ausführlichere kann dort und in Eccards
Diſſ. de duobus Wetteraviae fontibus Schwal-
heimenſi & Baerſtadienſi nachgeleſen werden.
Das Bärſtadter Waſſer kommt hiernach aus
einem weißen ſandigen Boden. Ich habe die
Stelle nicht geſehen, zweifele aber nicht, daß
es, wie bei Echzel, Tufa ſey, welche 1742.
noch leicht für Sand konnte verkannt werden.
Dem Geſchmack nach iſt es vollkommen wie Selzerwaſſer, doch viel ſchärfer auf der Zunge.
Zwei Pfunde lieferten nach gelinder Evaporation
ein halbes Pfund trocknes Ueberbleibſel, darunter 12 Gran alkaliſche Eiſenerde und 14 Gran
alkaliſches Salz. Mit Wein und Zucker wirft
es ſolche Blaſen, wie das Selzerwaſſer.

Das Waſſer des Schwalheimer Brunnens
kömmt aus einer großen Ader mit ſolcher Gewalt und Ungeſtümm hervor, daß man ſein Ge-
räuſch 50 Schritte davon hören kann. Die
Erde, unter welcher das Waſſer zum Vorſchein
kommt, iſt ein weißer mit Sand vermiſchter
Thon (am Sande zweifele ich, wie bei dem
Bärſtätter) von auſſerordentlicher Dichtigkeit.

Man

Man nennt sie Dauk, und sie ist so hart, daß
man in Bärstatt Keller darin ausgehauen hat,
die so gut als Gewölbe sind, und noch dazu mit
keinen Mauern brauchen unterstützt zu werden.
Zu bewundern ist's, daß ohnerachtet seiner
Menge und großen Oefnung es keinen Abfluß
zu haben scheint, und doch seine gewöhnliche
Höhe nie übersteigt. „Im Geschmack ist es bei-
„nahe, wie der Schwalbacher Weinbrunnen,
„aber schwächer; gleichet noch dem Wildunger
„Stadtbrunnen. Die Gallöpfel färben das
„Wasser purpurroth. Aus zwei Pfund erfolg-
„ten 2 Skrupel trockene Materie, darunter 24
„Gran alkalisches Salz. Nicht allein nahe
„um den Brunnen, sondern auch in einiger
„Entfernung entspringen viele mineralische
„kleine Quellen, darunter die bei Echzell klar
„ist und salziger schmeckt, als das Schwalhei-
„mer. Nach dem Abbrauchen hinterläßt es ein
„weißes etwas salziges Sediment.„
Ich habe von diesen Brunnen nur den bei
Echzel gesehen, und an dem Gepolter dieser
Quelle mein besonderes Vergnügen gehabt.
Bald ist's stille, bald fängt's auf einmal wieder
an aus der Tiefe in die Höhe zu poltern u. s. w.
Wo es aber hinkommen mag? Vermuthlich
hat es unter der Thonlage über dem Basalt seinen Abfluß, und das Geräusche ist die Wirkung
eingeschlossen gewesener und aufsteigender Luft.
Verschiedene dieser Erscheinungen bestärken meinen Glauben, daß diese Mineralwasser nebst

D 2   den

den Salzquellen von der Höhe des Oberwaldes herunter kommen.

Nun noch über die weitere Erstreckung dieses Bergrückens nach Westen hin.

Gleichbald nach seinem Abgang vom Oberwald fällt ein Ast davon westnordwärts in das Amt Grünberg, bis Flissingen, dann einer durch die Grafschaft Laubach, bis an Grünberg hin, davon wieder einige Höhen durch das Solmslaubachische ziehen. Liebknecht hat in seiner Hassia subterranea diese Gegenden und besonders die Laubacher Siegelerde, Eisenstein, Eisenbohnerz und das versteinerte, theils zu Eisenminer gewordene Holz so umständlich beschrieben, daß ich mich dabei wenig aufzuhalten habe. Da, wo ich durch diese Gegend kam, war alles Tufa, rothe Erde, Basalt und Thon. Von einer versteinerten Buchecker habe ich in den mineralogischen Briefen Meldung gethan. Im Amt Grünberg ist die poreuse Lava, welche auch als Traß gebraucht werden kann, aber sich übrigens sehr von dem Andernacher unterscheidet. Man findet sie bei Grünberg, Reißkirchen und Appenrod, kleinlöcheriger als die Frankfurter; auch bräunlich, da leztere grau ist. Die Lindenstruther wird von den Maurern Dauckstein genennet und zum Einmauern der Kessel, ihrer Feuerfestigkeit wegen gebraucht. In diesem Amte soll in vorigen Zeiten viel Eisenstein gegraben worden seyn, besonders im Merlauer Felde und bei Wickardshain. Sie

sollen

ſollen im ganzen Amte von einerlei brauchbarer
Güte ſeyn. Man will bemerkt haben, daß ſich
die Flöße oben ſchwebend und unten tonnlegig
halten; von verſchiedener Mächtigkeit ½ - 1 Lach=
ter und drüber: von erſterer Art das bei Lau=
tern und von der andern das bei Stockhauſen.
Das Flenſinger Flöß ſoll wahrſcheinlich mit dem
zu Stockhauſen und das Grünberger mit dem
auf der Rabenauer Straſe zuſammenhängen.
Die obern Flöße beſtehen aus Raſenſtein; an
viel Orten 1 Lachter mächtig. Bei Grünberg
fand man unter dieſem Raſenſtein guten feſten
Eiſenſtein. Das Flöß zu Stangenrod, Lee=
heim und Atzenhain könnte auch brauchbar be=
funden werden. Von Jlsdorf habe ich Eiſen=
ſtein und auch verſteinertes Holz erhalten. Selbſt
hatte ich aber noch nicht Gelegenheit, dieſes Amt
mit Aufmerkſamkeit zu durchreiſen. Der lezt=
erwähnte Aſt verbreitet ſeine Höhen weiter durch
das Solms = Hungiſche ꝛc. bis Münzenberg,
Griedel und an der Wetter hinab, Friedberg
gegenüber, bis Aſſenheim hin. Die Saline zu
Wiſſelsheim an der Wetter und die zu Treiß
an der Horlof, mögen, jene am weſtlichen und
dieſe am öſtlichen Abhange liegen.

In der Gegend Grünberg ziehen ſich wieder
Höhen ſüdwärts, zwiſchen der Wieſeck und der
Wetter nach Butzbach hin. Bei Opperod ſieht
man verſchiedene Kegel. Die Gegend Stein=
bach hat vielen Baſalt und Daukſtein zu Tage.
Der Schiffenberg gehört auch in dieſen Bezirk.

D 3 Von

Von diesem Berge glaubte ich sonst, daß darauf
nichts als Basalt anzutreffen wäre, aber bei
meiner lezten Anwesenheit fand ich auf seiner
östlichen Seite eine Ader von jenem weißgelbli-
chen knolligen Gestein, das ich bei Bingenheim
beschrieben habe. Es sieht gebranntem, oder
besser, gebackenem Thon ähnlich. Zuweilen ist
das Aeussere gegen 1 ½‴ tief, durch viele
Sprünge nach mancherlei Richtungen; doch
meist so durchschnitten, daß eine Art Würfel
herausfallen. Diese Lage sezt durch vulkani-
sches Gestein, und wird von einem olivengrü-
nen, theils in weißen Thon zerwitternden Pechstein, oder Pechopal, in Menge begleitet. Dieser Pechstein ist halb durchsichtig, einem feinen
Feuerstein ähnlich, nur bei weitem so hart nicht;
bei einem gelinden Schlage zerfällt er in viele
Stücke. In Wasser, und geschwinder noch in
Vitriolgeist, wird er ziemlich durchsichtig. Zuweilen hat er dünne Rinden und kleine Buklen
vom lapide mutabili, auch Flecken von Glas-
kopfanflug. Die Farbe ist auch bisweilen braun-
röthlich, oder zieht aus dem Lichtgrünen ins
Grauweiße, oder durch das Blaue ins Weiße,
in Cacholong, wo alsdann der Stein undurch-
sichtigem Porzellan ähnlich wird. In dünnen
Scheibchen bemerkt man die Durchsichtigkeit des
Pechsteins und Cacholongs sehr gut, so wie auch
den Uebergang, und an den Kanten eine Aehnlichkeit mit Eis. In einem erdigen grünen
Pechstein fand ich ein unvollkommnes kuglichtes
Stück

Stück grünglänzenden Pechsteins. Dieses Ge=
stein schmelzt vor dem Löthrohr ohne Zusatz
nicht, geglüet wird es dunkelbraun, dagegen
erhebt sich der weiße buckliche Sinter desto schö=
ner aus dem Weißen ins Blaue.

Im Garten zeigte man mir einen bräunli=
chen zusammengebackenen Pechsteingrus, darin
sich hier und da weißlicher Sinter befand.
Man hielt ihn irrig für Mergel, und will beob=
achtet haben, daß er dieselbe Wirkung gethan
hätte; das allenfalls von seiner Neigung zu zer=
fallen herrühren mag. Ueber manche Stücke
dieses Grußes war eine Lava weggeflossen, und
hatte eine graue Kruste mit theils ziemlich grof=
sen Blasenlöchern hinterlassen. An eben dieser
östlichen Seite des Schiffenbergs fand ich auch
Kalchsteingeschiebe. Sie hatten alle eine beson=
dere schroffige und zerfressene Oberfläche, so ein
breccienähnliches Ansehen. Durch das Augen=
glas betrachtet, sind die theils kammförmg, theils
als unförmliche oder rundliche Bröckchen hervor=
stehenden Theilchen spathartig, einige dieser
Spaththeilchen sind auch selbst gefurcht, und zu=
weilen laufen Spathadern durch den Stein,
Ueberhaupt scheint mir diese Steinart etwas
von einer heissen Masse gelitten zu haben, die
ihr Aeusseres gebrannt, das hernach durch zu=
gekommenes Wasser in die gegenwärtige Gestalt
gebracht worden. So wäre dann auch hier wie=
der ein Beitrag zu jener Muthmasung über die
Kalksteine bei vulkanischen Gebirgen, welche ich

D 4   in

in der Anmerkung S. 29. r. H. r. Th. meiner
mineralogischen Briefe äusserte, und die auch
eine Beobachtung im Fuldischen bestätiget hat *).
Weiter belehrte mich dieser Fund, daß jene Bemerkung über den Kalkgehalt des Brunenwaf-
sers auf dem Schiffenberg **) kein hinlänglicher
Grund sey, zu behaupten: der Basalt sey hier
auf Kalch aufgesetzt; denn es kann leicht seyn,
daß die Quelle über eine Kluft läuft, worin sich
dergleichen Kalchsteine befinden. Endlich wurde
es mir auch begreiflich, wie es möglich gewesen,
daß vor Zeiten, nach vorhandenen Nachrichten,
in diesem Berg nach Erz geschürft werden mögen. Schiffenberg westnord finden sich die Höhen bei Klein- und Grossenlinden, Leyhgestern
und Langgöns hieher, so wie jenseit die westliche Seite der Wetter, wo zu bemerken ist, daß
bei Eberstatt haltige Salzquellen seyn sollen,
die aber nicht gebaut werden. Bei Kleinlinden
findet sich Kalkstein weißgrau, spathig; mehrere
Spathflinker sind zart gefurcht: auch braunro-
ther grobkörniger Jaspis, der viele Quarztheile
beigemischt enthält, und, nach Grossenlinden
zu, als eine Felsmasse am Wege steht. Von
der Höhe nach Giesen herunter, an der Lahne,
bei der Sägemühle, ist ein Steinbruch in Thonwacke; ein Gemische von Kiesel, Glimmer,
Schiefer und Kalchspath in Thon; also eine
Bre=

---

*) Voigt miner. Beschr. des Hochstifts Fuld, S. 124.
**) meine mineral. Briefe, r. Th. r. H. S. 25 Anm.

Breſchie; darauf folgt ein Lager weißgrauen
Kalckſteins. Hier mag wohl die Grenze zwiſchen den Wirkungen des bloßen Waſternieder-
ſchlags ſeyn, welchem noch dieß Kalkſteinlager
zuzuſchreiben wäre. Der Argillotes aber ſcheint
als Ueberbleibſel von der großen Revolution daher geführt worden und mit der Zeit zuſammen-
gebacken zu ſeyn. In der Linneſſer Marck hatten ſich auch ſchwarze thonartige Eiſenſteine gefunden, die Verſuche darauf ſind aber nicht fort-
geſetzt worden. Auf der Chauſſee zwiſchen Buß-
bach und Gieſen habe ich noch eine ziemlich
dichte, etwas glaſigte Lava angetroffen, welche
von Neuhof, aus dieſen Höhen ſeyn ſoll. Der,
der Chauſſee weſtwärts, zwiſchen Kirchgöns und
Langgöns herziehende Rücken, worin die von
mir beſchriebenen Glaslaven vorgekommen ſind,
gehört nicht hieher, und ſcheint ein Zug zu ſeyn,
der aus der Gegend Wetzlar herkommt.

Der Hauptrücken folgt nun immer noch der
Ohm, auf der ſüdweſtlichen Seite, wo wir
wieder die von ihm ausgehenden Höhen und
Gipfel zwiſchen der Wieſeck und der Trayß zu
betrachten haben. Staufenberg liegt an der
Grenze des ſich endigenden baſaltiſchen Gebirgs.
Es iſt ein beträchtlich hoher Kegel. Dieſer Berg
iſt dem Anſehen nach ein Zwitter; denn vor
dem Stadtthor, am Wege, geht der Baſalt
auf der öſtlichen und der Sandſtein auf der weſtlichen Seite zu Tage aus. Die ganze weſtliche
Gegend zieht nach dem Amt Blankenſtein hin.

D 5   Die

Die Lahn macht hier ein Hauptthal. Aus dieser Ursache sowol, als wegen der mir hinter
Kroftorf bis Gladenbach bekannten Schiefergebirge, vermuthe ich nach dorthin keine vulkanische Producte mehr. Ohnfern der Stadt nach
dem Wald zu, ist ein einzelner Grabhügel mit
einem Stein, ohne Inschrift, von dessen Herkom-
men nichts bekannt ist. Von dem gelben L cher
bei Daubringen habe ich schon in der Abhandlung von den Lagerstätten der Wetterauer Salzquellen, Nachricht gegeben.

Die schönen Basaltfelsen am Hangelsteine
bestieg ich bei dieser Gelegenheit auch. Sie liegen alle nach einer Richtung, nordwestwärts.
Das Sandgestein, welches von Lollar her die
Lahn ostwärts begleitet, wird hier bei Traisa,
Allendorf rc. immer breiter. Doch stoßen hier
und da Basalthügel daraus hervor.

Auffer den vielen römischen und teutschen
Grabhügeln in der Gegend Annerod, ist mir in
diesem Bezirke dermal nichts Merkwürdiges weiter bekannt, daher ich nun zum Beschlusse dem
südlichen Theil des Ohmthals weiter in das Amt
Burggemünden folge. Das Städtchen gleichen
Namens liegt an einem vulkanischen Kegel, der
aber schon weit weniger hoch ist, als jene in den
höheren Gegenden. Das Schloß und Amthaus
befindet sich auf dem Gipfel. Der tief ausge-
hauene Weg zeigt den sonderbaren Bau dieses
Bergs deutlich. Es sind nämlich fast lauter ku-
gelförmige verwitternde Basalte, zwischen denen

sich

sich hier und da Speckstein befindet. Nordwärts erhebt sich ein höherer Kegel, an dessen
Gipfel abermal ein wohl erhaltener Kranz er=
scheint. Beide Kegeln befinden sich auf einem
Rücken. Am Fuße des höchsten Kegels, hin=
ter Burggemünden nach Homburg zu, legt sich
ein Thonlager an, worin ich thonartige Eisen=
steine fand, von ziemlichem Gewicht, theils
schwarzbraun, gelblich, verwitternd, theils
schwärzlich glänzend, fett anzufühlen. Auch
bekam ich hier löcherichte Lava oder Traß, theils
braunroth, theils gelblich mit Gold und stroh=
gelbem Glimmer, imgleichen mit Zeolith ver=
witternd.

Am Wechsel des Basaltgebirgs, wo Thon=
schiefer und der erwähnte Eisenstein folgen,
zeigte sich etwas Quarz; und nun erschien bald
Sand, folglich die Gränze.

IV. Die Höhen, welche das Thal nach Bobenhausen zu begleiten.

Dieses Thal fällt, Ullrichstein nordwärts,
nach dem Amte Grünberg zu, und ist beson=
ders wegen des Gesteins, das bei Bobenhausen
vorkömmt, und wegen der darauf gemachten
Versuche merkwürdig.

Hier wurde vor etlich und 40 Jahren ein
Bergbau auf Silbererze getrieben. Man wollte
Erze in Menge gewonnen haben. Schon war
eine Schmelze zu Vadenroth gebaut und auf die

Entwen=

Entwendung der geförderten Steine, welche nachher zu Gartenmauern sind verwendet worden, Strafe gesetzt, als nach einem ansehnlichen Aufwande der Beschluß folgte. Der Gewerkschaft soll entdeckt worden seyn, es wären große Thaler in die Proben gerathen. So ganz leer von Metall mögen indessen die Steine nicht gewesen seyn, sondern etwas weniges Zinn, aber kein Silber enthalten haben.

Kurz vor dem Dorfe traff ich ähnliche Geschiebe jener glasigen Lava an, welche sich bei Nidda findet. Das Stück, das ich mitnahm, ist ganz dicht, dunkelgrau, in's Dunkelgrüne ziehend, von fettem Gefühle wegen beigemischter vieler specksteinartigen Theile, hat gelblichen Schörl und weißlichten Zeolith in sich, und verwittert rostfarbig. In diesem Steine ist ein rundes Loch, wie von einem Wurme gefressen. Im Ganzen hat derselbe weder so glasartige, noch so tufaartige Partien, wie die Niddaer grüne Laven; sondern hält mehr das basaltgleiche Mittel. Im Feuer schmelzt sie bald. Etwas weiter dem Dorfe nördlich zur Seite, führte man mich auf die Stelle, wo die Hauptgrube gewesen seyn soll. Ueberraschend war es für mich, als ich hier ein, dem ersten äussern Ansehn nach, zu den Graniten gehöriges Gestein unter den lavenartigen Produkten hervorstechen sah. Nach näherer Betrachtung zeigte sich, daß die Grundmasse weißgrauer versteinerter Thon ist, darin sich schwarzer Schörl, Glimmer,

mer, und wenig hellweisser Feldspath befindet.
Der Stahl lockt Funken heraus. Keinen Quarz
nimmt man wahr. Haidinger in seiner Eintheilung der K. K. Naturaliensammlung rech-
net verhärteten Thon mit weissem Feldspath und
schwarzem Glimmer zu dem Graustein. Hier
kommt der Schörl noch hinzu, der sich aber auch
nach v. Born's Lithophylacio mehrmal in dieser
Gebirgsart findet. In den Höhlen einiger
Stücke beobachtete ich auch Zeolith.

Durch dieses Gestein ziehen mächtige Adern,
oder besser, Ströme, welche sich nur dadurch
vom Hauptgestein unterscheiden, daß der Thon
oder das Steinmark weißer und erdiger ist und
der Glimmer fehlt. Uebrigens sind kleine
schwarze Schörlsäulchen in Menge eingebacken.
Nach dem Glühen wird die graue thonige Grundmasse weißer und mürbe. In einem stärkeren
Feuer erhielt der Stein zum Theil eine graue
Glasur. Pulverisirt ließ sich nach dem Rösten
eine ziemliche Menge Eisen mit dem Magnet
ausziehen: aus 2½ Loth 1¼ Quint. Mit dem
gehörigen Zusatze geschmolzen erfolgte etwas,
aber weniges Zinn.

Man erzählte mir, daß noch weiter nordwestwärts auch sey gegraben worden. Ich gieng
dahin, fand aber auf den Halden nichts als
Tufa, theils gelbröthlich, mit viel weißem Zeolith. Die schon angezeigten Schürfe auf der
Feldkröter Höhe, wurden wahrscheinlich zu derselben Zeit eröffnet. Nicht weniger soll auch
bei

bei Meiches viel gearbeitet worden seyn. Ritter *) führt an: mineram lunae & argenti
von Meiches, imgleichen concrementum lapi-
deum cum spatho, pyrite & mica argentea.
Selbst bin ich nicht da gewesen. Unter der Benennung von Meiches habe ich zwar einstmal
ein Blei- und Kupfererz erhalten; ich zweifele
aber, ob es daher gewesen sey. Zuverlässiger
erhielt ich kürzlich jenes Graugestein daher, das
nur grobkörniger ist, wenig Glimmer und mehr
Feldspath, Zeolith und Chalcedon enthält, der
sich in der Hölung zu Nadlen krystallisirt hat.

Offenbar hat dieses Felsgesteine durch die
Nachbarschaft der vulkanischen Revolutionen
Veränderungen erlitten, wenn es nicht selbst
seinen Ursprung denselben gröstentheils zu verdanken hat.

Der Sage nach soll sich auch bei Meiches
Glimmer mit gelber Erde gefunden haben, die
stark nach Schwefel gerochen. Nach dem Rösten des Bobenhäuser Graugesteins bemerkte ich
auch durch das Waschen schwefelgelbe Flocken.

V. Die Höhen, welche das Feldaer Thal begleiten.

Dieses Thal nimmt auf der nördlichen Seite
des bei Ullrichstein gelegenen Köppels seinen Anfang

---

*) tentamen historiæ naturalis, P. II. mineralogia
Riedeseliana 1752. in actis acad. nat. curiosorum.
Tom. X. app.

fang, und fällt nord- etwas westwärts hinab
nach Felda zu. Ich fand hier nichts Merkwürdiges. Alles war Basalt, Lava und Tufa,
übrigens der Boden vom Landmanne sehr fleißig
bearbeitet. Bald unter Felda liegt der Schelln-
häuser Eisenhammer, welcher dermalen sein
Roheisen von der benachbarten Laubacher
Schmelzhütte erhält, deren Beständer diesen
Hammer gepachtet haben.

Die Höhen, welche dieses Thal anfangs
auf der östlichen Seite begleiten, verbreiten sich
in der Folge nordwestwärts, bis nach Homburg
hin, wo sie unter dem Namen der Hoheberg
in ziemlicher Breite gegen die große Ebene ab-
fallen. Das Sandgebirge geht, Homburg südostwärts, herein; doch so, daß der Homburger
Basaltkegel selbst noch unter dem Sande hervor-
sticht. Sehr festen röthlichen Sandstein mit
Steinmark, fand ich in diesem Sandgebirge.
Etliche Stunden weiter, ganz in der Ebene erhebt sich Amöneburg, ein sehr abgestumpfter
isolirter Kegel, von ziemlichem Umfange. Die
Stadt liegt auf der Plattforme. Südwärts,
gleich vor diesem Berge, stehen noch zwei kleine
Kegel, spitzer abgestumpft. Selbst bin ich nicht
dort gewesen *).

An den Fenstergestellen des Homburger
Schlosses sah ich eine sehr kenntliche vulkanische
Bre-

---

*) Hr. D. Karsten hat nun diesen Basaltberg im Berg-
männischen Journal 1. B. IV. St. Nro. II. beschrieben.

Breſchie, welche in dieſer Gegend Lungſtein ge
nennt wird.

Der Hohe Berg enthält deutliche Spuren,
daß ihm Vulkane nahe geweſen ſeyn müſſen.
Oben iſt er flach. Homburg gegenüber erſchei-
nen etliche Abſätze daran, welche ſich weſtwärts
ziehen. Dieſe Raine oder Abhänge beſtehen
zum Theil aus einer mergelartigen Erde, worauf Baſalt und Laven ſichtbar aufgeſezt ſind.
Unter dem Mergel fand ich weißen, erdigen,
ſeiner Textur nach zum Fadenſtein gehörigen
Kalkſtein. Der Baſalt war meiſt unförmlich,
mit gelblichem Schörl, der ſich zum Theil in
Glimmer auflößte; dieſes Geſtein neigt ſich ins
Tufaartige, und verwittert theils in rothbraune
theils in aſchgraue Erden. Die Laven waren
dunkelgrün, im Inneren glaſig, gegen außen
in eine leichte, löcherichte, ſich roth brennende
Maſſe verändert; welche aus gelbröthlichem
Ocher beſteht, worin ſehr kleiner weißer Schörl-
ſpat und Glimmertheilchen, auch weiß und grüne Speckſteine, ſich befinden. Ich bin von Je-
mand, der die Lava ſehr wohl kennt, welche von
Venedig gebracht wird, um als Traß zum Waſſerbau gebraucht zu werden, verſichert worden,
daß es die nämliche ſey. Weiter findet ſich hier
jenes weißgelbliche, knollige, pechſteinartige
Geſteine, das ich bei Bingenheim und Schiffenberg angetroffen hatte. Auch dieſes hat Chalcedonadern und Druſen, und darin kleine Berg-
kryſtallen und fünfſeitige oben abgeſtumpfte
Pris-

Prismen. Gebrannt nehmen einige dieser Kry=
stalle eine opalisirende, milchblaue Farbe an.

An eben diesem Berge hat es in vorigen Zei=
ten Erdfälle gegeben. Man zeigte mir einen
ziemlichen Bezirk, der samt den Bäumen in eine
Bergwiese hineingerutscht seyn soll. Die Mer=
gelerde begründet die Vermuthung, daß ein
Kalkgebirge in der Tiefe liege, dessen Höhlen
dergleichen Erscheinungen leicht bewirken können.

Hier kommt ein eigenes Wackengebirge zum
Vorschein.

Der Grund ist ein grauschwarzer, erdiger
Basalt, oder erhärtete Tufa, welche theils durch
gelblichen Schörl, theils von einem Eisenglanz,
nach allerlei Richtungen durchschnitten ist. Die=
ser braunschwarze Eisenglanz ist fast immer mit
dendritenartigen, einander ähnlichen Zeichnun=
gen, versehen. Ausserdem ist Quarz, und
theils mehlartiger, theils faßriger Zeolith einge=
mischt. Ich weiß es für nichts anders, als für
eine vulkanische Breschie zu erkennen. Wo man
den Stein zerbricht, da bemerkt man eine Menge
Krystallisations = Flächen, ohne daß man doch
leicht eine ausgebildete Krystallisation entdecken
könnte. Durch mehreres Schlagen habe ich end=
lich einmal eine dreiseitige oben schräg abge=
stumpfte Pyramide entdeckt.

Die Bauern nennen es, seines Glanzes we=
gen, Erzgestein.

Weiter auf der Höhe hin kommt ein Röthel
von schöner hoher Farbe vor. Der Sage nach

E   soll

soll ein fremder Mann oft Steine von diesem Berge geholt und sie für Zinnober ausgegeben haben. Vielleicht war es diese Farbe = Erde. Doch ich kenne noch nicht alle Probukte dieser Höhe, und ausser den aufgeführten nur noch weißen und rothen Thon bei Dannenroth.

Es sollen sich aber noch Steine von allerlei Farben in einem Wasserrisse finden.

Homburg oftnordwärts liegt Heimertshausen, immer auf diesen Höhen.

Nach einem vorhandenen Probierzettul und Korn soll sich daselbst Zinnstein, der Centner zu 12 ℔. Zinn finden. Im J. 1614. wurde dasselbe eingeschickt, wie auch ein ziemliches Silberkorn, das aus einem Sande auf dem Brannen bei Heimertshausen geschmolzen seyn sollte.

Als ich dort war, führte man mich auf eine sanft ansteigende Höhe. Ich fand allda ein längliches Viereck, von wohl 100 alten Vertiefungen, Bingen oder Schürfen, ganz nahe bei einander, das Gestein als durchaus graue basaltische Wacke; aber keine Spur von Erz. Nur in einem Fuhrwege traff ich ein glimmerig quarziges Geschiebe an, das aber seine Lagerstätte wenigstens nicht auf derselben Stelle hatte.

Die Namen dieser Gegend sind reizend: Goldkuppe, Goldwasch. Eine kleine Vertiefung, wodurch ein Wässerchen fließt; Silberbusch, und Eisenkauten: jene alten Bingen. Bergbau wurde hier gewiß in uralten Zeiten getrieben, aber an Nachrichten fehlt es noch.

Auch

Auch hatte ich keine Zeit, die ganze Gegend ge-
nau zu unterfuchen. Nordweſtwärts von Hei-
mertshaufen kommt man nach Kirdorf. Auch
hier habe ich mich bei einer ehmaligen Durch-
reiſe nicht aufhalten noch mehr beobachten können, als daß ſich daherum das Sandgebirge
vom vulkaniſchen ſcheide.

In den Jahren 1658. und 1659. iſt viel
über eine auf dem dortigen ſogenannten rothen
Berge angeblich entdeckte Zinnerde verhandelt
worden. Man hat eine Menge kleine Proben
gemacht; allein man hat mit ſonderbaren me-
talliſchen Zuſätzen geſchmolzen, und überhaupt
laufen die Nachrichten, Proben und Gegenpro-
ben ſo ſehr widereinander, daß man Grund hat
zu beſorgen, es ſey nicht richtig damit zugegan-
gen. Als ich ehemals durch dieſe Gegend kam,
fand ich in der breiten Ebene Sand und Thon.
Bei Haina endigte ſich die Pläne, und das
Schiefergebirge zeigte ſich gleich hinter dem Klo-
ſter, mit vielen rothen Jaſpis Geſchieben. Es
finden ſich daſelbſt thonartige Eiſenſteine, welche auf einer dem Gemeinhoſpital zuſtehenden
Schmelze zu gute gemacht werden.

V I. Die Gegend nach Alsfeld hin.

Nach Alsfeld reißte ich von Reppgeshain,
einem am nördlichen Fuße des Oberwalds liegenden Riedeſeliſchen Dorfe, über Stornfels
und Lieberbach.

Die

Die hier vom Oberwalde hinauslaufenden
Aeste verbreiten sich bald, und machen nicht so
viele anhaltende schmale Rücken als südwärts.
Sie enthalten, so wie anderwärts auch, Ba=
salt, Tufa, Lava, auch hier und da rothen Bo=
lus. Bei Lieberbach scheidet sich wieder Sand
und Basalt. Vor alten Zeiten soll sich daherum
unterirrdisches Holz, Braunkohle, gefunden
haben. Das gegenüber liegende Altenburg ist
auf eine steile Höhe gebaut. Ich bestieg sie,
und fand abermal, daß hier Basalt unterm Sande
hervorkomme. Die bei Alsfeld durch die Wie=
sen fliessende Schwalm hat steile Ufer, woran
ich etliche ziemlich breite schwarze kiesige Erdla=
gen bemerkte. In der Schwalm selbst finden sich,
außer vielen uralten Schlacken, (Abkömmlingen
von Eisenschmelzen aus den ältesten Zeiten) schwar=
ze Vitriolkieszapfen und Nieren, verkießte Kon=
chylien und Kochlyten, die aber meist verwittern.
Was ich daher habe, halte ich für kleine Myiten,
eine Pectinite, Schalen von Chamiten, Buccini=
ten, darunter ein Cassibit und eine Mondneret.
Eine Kalklage setzt durch das Flüßgen.
Große Plöcke sind davon losgerissen. Der Kalk=
stein hat Aehnlichkeit mit einem feinen versteiner=
ten Tuffe. In einem Stücke, das ich mitge=
nommen habe, finde ich einige kleine schwarze
Schörlnadeln. Der Bruch ist muschel= und
wellenförmig, daher sich die Plöcke zuweilen
in große Halbkugeln theilen. Ich fand derglei=
chen auf der Oberfläche bandirt, zu zwei Schu=
hen

hen im Durchſchnitte. Gleich oberhalb dieſes
Kalkſteins kam ich auf Baſaltfelſen, welche aus
kleinen etwas nach dem Boden geſenkten Baſalt=
kryſtallen beſtanden.

Man hat hier die Meinung, daß wenn ein
krankes Pferd aus der Schwalm getränkt werde,
ſolches ſeine Geſundheit wieder erlange, und es
werden deswegen manche hierher geſchickt. Die
ſchwarze vitrioliſche Erde und der weiche Kalck=
ſtein in dieſem Waſſer laſſen den Grund vermu=
then. Eine Unterſuchung des Schwalmwaſſers
in dieſer Gegend würde das Nähere beſtimmen.
Dem Eifabache ſchreibt man zu, daß der Grund
den er bewäſſert, ein ungeſundes ſchädliches Fut=
ter hervorbringe, welches ebenfalls eine Prüfung
verdient. Vor einigen Jahren wurde in Als=
feld ein Todtenkeller entdeckt. Ich beſuchte die=
ſes Alterthum, und nahm unter viel tauſend
wohl geſchichteten Schädeln und Knochen je=
nen Schenkelknochen mit, welchen Hr. Kriegs=
rath Merck bereits in den Heſſiſchen Beiträgen
beſchrieben hat. Wahrſcheinlich wußte der alte
Heſſe, dem dieſes Stük gehörte, noch nichts
vom Brandewein, viel weniger vom Kaffe.
Die benachbarte rauhe Vogelsberger Gegend
erzeugt noch jezt ſchöne, ſtarke und große Leute,
und eben dieſes kann man auch von den größten
Höhen des weſtlichen Schiefergebirgs, z. B. Bot=
tenhorn, ſagen.

Um Alsfeld fand ich übrigens noch unförm=
lichen Baſalt mit gelbgrünlichen Schörlkryſtallen,

E 3　　　　Schörl=

Schörlglimmer, auch etwas Kalcherde, und dergleichen Spaththeile; imgleichen Basalt mit weißbläulichem Zeolith in den Hölchen, gelb und weißlichen Sandstein, und rothen Bolus mit weiß und grünlichem Speckstein, desgleichen bräunlichen Bolus mit weißgelblichem Speckstein.

Der Schwalm südwärts liegt Brauerschwend. Man hat daselbst vor einiger Zeit ein Braunkohlenlager entdeckt. Die erste Anzeige bestand in jenem schwarzen Thon, dessen ich schon erwähnt habe. Durch ein Vergrößerungsglas bemerkt man eine Menge kleiner Kiescher darin; diese Lage streicht von Morgen gegen Abend. In dem nur ⅛ Stunde von Brauerschwend entfernten Hergersdorf wird diese Lage beim Brunnengraben 1' ' mächtig, 15' tief gefunden, und soll allemal durchgegraben werden müssen, wenn man Wasser erhalten will, das aber einen so stinkenden Geruch hat, daß es kein Vieh genießt, daher die Brunnen oft ausgeschöpft und gesalzen werden müssen. Von dort habe ich etliche Stücke erhalten, welche einen besondern Wohlgeruch von sich geben. Wasser, das ich darüber abzog, nahm diesen Geruch, welcher dem Geruch von Ambra und Bernstein gleicht, an sich, und behielt ihn viele Tage lang; sobald ich aber die Erde auf Kohlen oder an eine Flamme bringe, so erscheint der widrige Erdpechgestank. Gegen 600 Schritte über dieser schwarzen Erdlage bei Brauerschwend, den Berg aufwärts, geht ein gleicher schwarzer Thon aus. Durch einen Versuchſuchſtollen fand man nach 7 Lachter Auffahren auf der unterſten Bank ſchwarzen Lett, mit einer Menge ſchwarzer Taubkohlen; auf der oberen Bank aber nach 20 Lachter, Holz 5 bis 6″ mächtig, darunter eine Lage gelben Harzes. Uebrigens war Sole und Dach ſchmutzig weißlich grauer Lett, mit ockergelben Punkten und Flecken *). Zu Angerbach und Maar haben ſich eben dergleichen Holzkohlen gefunden. Die Maarer ſollen 5′ mächtig geweſen die Lage aber zu flach ſeyn. Bei Gelegenheit dieſes Nachſuchens brachte ein Bauer ein Stük brauner Erde dem damaligen Fürſtl. Bergrath Hrn. Cartheuſer. Nach genauer Betrachtung fand derſelbe, daß die ſchwärzlichen Körper, welche der Bauer für Kohlen gehalten hatte, durchaus kleine Gloſſopetren waren. Dieſes Stük habe ich nachher von demſelben verehrt erhalten. Es ſind pfriemenförmige Natter oder Vogelzungen, ganz und in Bruchſtücken. Außer der braunen Erde und dieſen Gloſſopetren enthält das Stük: Harz, Sandſteinchen und kleine Kieſel. Die Oberfläche dieſes Gemiſches iſt talkig, und darunter eine dünne Lage Tufa. In einem Tiegel geglühet erſchien eine weißblaue zähe ſchleimige Subſtanz; in Salpeterſäure wurden die Gloſſopetren durch eine blauliche Farbe, die ſie annehmen, kenntlich. Der Nachricht eines Freun-

E 4 des

---

*) In einem eben ſo beſchriebenen Lett traff Voigt dergleichen Braunkohlen im benachbarten Fuldiſchen, bei Batten und bei Baumgarten, an.

des zufolge, dem die dortige Gegend bekannter als mir geworden ist, kommt zu Brauerschwend, auf dem sogenannten Kalckberge, ein Muschel= kalck vor, der über dem Basalt liegen, über dem Kalck aber eine dünne Lage Sand haben soll. In dem darauf folgenden nach Westen zu liegen= genden Hopfgartenforst macht der Kalck die Un= terlage des Basalts, und endlich in der nemli= chen Linie nach Westen immer fort, wird hinter dem Zellerforst die Unterlage des Basalts Thon, und drüber weißer Sand. Abwechselnde Thon= und Sandschichten erstrecken sich von Ehrings= hausen bis Niedergemünde.

Von Alsfeld fuhr ich ostnordwärts nach Grebenau. Diese ganze Gegend war Leim, Sandboden und Sandstein; aber auch Eisen= steine sollen sich viele finden. Bei Eifa, imglei= chen bei einem Berge Alsfeld nordwärts, werden Versteinerungen angetroffen. Auch hat man mir von einer periodischen Quelle und von einer Porzellanerde Erzählungen gemacht; Allein meine Geschäfte erlaubten mir diesesmal keinen längern Aufenthalt, um die nordöstlichen und östlichen Aeste des Vogelsgebirgs zu bereisen, wo aber auch Ritter, was das Freiherrlich von Riedeselische; und Voigt, was das Fuldische an= langt: jener vorlängst, und dieser neuerlich, vorgearbeitet haben.

An=

Anhang.

I.

Beobachtungen und Gedancken
über die Lagerstätte und den Ursprung der Salzquellen in der Wetterau.

Durch verschiedene Versuche und Bemerkungen bin ich belehrt worden, daß wenigstens die Hauptquellen der Wetterau ihren Zug durch ein eigenes Erdlager zu erkennen geben. Ich will nicht zweifeln, daß vielen Kennern der Salinen dieser Gegend erwähntes Erdlager und sein Zug gar wohl bekannt seyn wird; unbekannt ist es mir aber, ob ein Naturforscher diese Erscheinung im Zusammenhang übersehen und derselben Folgen bedacht hat.

Wenn man am östlichen Abhange des Schiefergebirgs, das die Wetterau auf der westlichen Seite begränzt, von Süden nach Norden zu reiset, so findet man an mehreren Stellen ein weißliches Thonlager, das von Morgen her in das Schiefergebirg quer einfällt: insbesondere bei Homburg vor der Höhe, wo auch Salzquellen sind, bei Oberroßbach und bei Fauerbach im

E 5 Amt

Amt Butzbach. Eben lezteres habe ich etwas näher kennen lernen. Die wilde Tauben waren, wie gewöhnlich, die Verräther der dortigen Salzwasser. Nach wenigen Schuhen Abteufen fand sich schon Salzwasser. Die Erdlagen, welche man durchbrach, waren: Dammerde 3$\frac{1}{2}$'; schwarze eisenschüssige, stark mit Steinen vermischte Erde, wovon die unterste Lage $\frac{3}{4}$' braun, wie Eisenrost, aussahe, zusammen 2'; grüner, hier und da in das Graue fallender Lett, auch mit kleinen Steinen vermischt, dann ein marmorirter, weißer, gelber und zinnober-rother Lett, 16 bis 17'. In den lezten 7 Schuhen lag dieser Lett in so dünnen Lagen übereinander, wie spanischer Brodteig, die sich einen Zoll dick von einander abrollen liessen, und nun folgte Sand, woraus die Salzwasser sehr stark hervordrangen. Etwa dreißig Schritte von dieser Arbeit fand man 30' tief kein Wasser, sondern blos marmorirten Lett, ohne alle Abwechselung. Dann stellte sich etwas Salz-wasser ein, es erfolgte aber zugleich eine starke Quelle süsses Wasser, mit rothgefärbten Berg-krystallen, die allem Ansehen nach aus einer Kluft des Ganggebirgs hieher geführt wurden. Zulezt verstärkte sich dieses Wasser so, daß so-gar die Grube überlief. Es kam, nach Aussage der Arbeiter, von der Gegend des Hausbergs her.

Fauerbach liegt oberhalb Nauheim. Ein Bach, die Fauerbach, fällt dem nach Nauheim zu ziehenden Wiesgrund hinab, vereinigt sich

mit

mit der Ulſe, welche das ſüdlicher herunter kom-
mende Thal, worinnen Ziegenberg und Langen-
hain liegt, durch und nach Nauheim fließt.

Das Thonlager, worinnen dieſe Salzwaſ-
ſer ſich befinden, ſtreicht gegen 6 Uhr, allenfalls
mit einer Abweichung zwiſchen 5 und 7.

Dieſer Strich und ſein ſehr kenntliches gel-
bes ocherhaftes Anſehen macht, daß man daſſelbe Lager leicht nach Morgen und Abend zu
verfolgen kann. Zwiſchen Fauerbach und Nauheim, in der Gegend, wo ſich die Ulſe und Fauerbach vereinigt, fand ich daſſelbe wieder. Bei
Nauheim kann man es ſehr deutlich auf der
Landſtraße beobachten, und zu Salzhauſen auf
der ſüdweſtlichen Seite des Thals.   All dieſes
liegt in einer und derſelben Richtung. Die
Salzhäuſer Salzquellen, welche einen Stinkturf über ſich haben, und unter demſelben durch
einen weißen ſchwimmenden Sand hervorbre-
chen, kommen alle in einem Bezirk hervor,
welcher in demſelben Zug liegt. Das bemerkte
Thonlager aber liegt gegen Berg zu, ohnfern
den Gebäuden, und beſtehet in einem theils
gelben theils weißen magern ſandigen Thon,
wovon erſterer mit zum Bewurf der Gebäude
gebraucht, denſelben ein gutes Anſehen gegeben
hat. Es ſcheint den Sand, aus welchem die
Salzwaſſer hervorquellen, auf der nördlichen
Seite zu begleiten und zu bedecken.

Gegen Weſten habe ich dieſes Lager bis in
das höchſte Gebirg verfolgt. Gleich hinter

Fau-

Fauerbach zieht es neben Münster vorbei, wo
ein Apotheker vor 16 Jahren Salz zur Probe
ausgesotten haben soll ; auch diesesmal hat man
nach einigem Nachgraben wirkliches Salzwasser
erschroten. Von hier zieht es abermal in derselben Stunde nach Maybach hinauf.

Als ich daselbst meine Bemerkungen machte
und verschiedene Quellen kostete, fragte mich
ein Bauer, ob ich nicht dorthin wollte, wo der
Sage nach ein Pulverwagen versunken seyn sollte.
Ich wandelte sogleich mit ihm einem südostwärts
von Münster heraufziehenden Wiesgrund zu.
Die Stelle war ein nicht sehr großer ausnehmend
morastiger Bezirk. Wo man mit der Hacke
einhaute, da erschien eine schwarze Turferde von
unleidlich faulem Eiergestank. Ich freute mich
über diese neue Entdeckung und Anzeige auf
Salzquellen, dabei aber auch über die Simpli-
cität des Bauern, welcher eine sehr bedenkliche
Mine zu diesem Gestank machte, und mir ver-
traute, es liege so etwas Unbegreifliches in dieser Sache, daß einige Leute glaubten, der Wiesgrund sey bezaubert.

Nachher bestieg ich noch die höchsten Gegenden, bis dahin, wo sich die Wasser theilen,
nach Bodenrod zu. Die Hauptsteinart dieser
Höhen ist ein glimmeriger theils mit Quarz in-
nigst gemischter Schiefer. Das gelbe Lager
aber zeigt sich noch immer in etwas in derselben
Stunde. Der weiße talkose Lett, welcher unter
Maybach, auch unter Fauerbach, unter dem
gelben

gelben vorkommt, und denselben striemenweis quer zu durchsetzen scheint, wird von den hiesigen Landleuten, theils mit Kalk gemischt, theils allein, zum Bewurf ihrer Häuser gebraucht, denen man es nicht so leicht ansehen wird, wenn es einem nicht gesagt wird. Sie heissen ihn Gips, und wurden damalen, als sich der Ruhm des Gipses zu verbreiten anfieng, verleitet, ihre Aecker damit bessern zu wollen.

In Fauerbach hat es schöne zinnoberrothe Erdarten, auch Wurst = oder Puddingsteine.

Die Erd= und Steinlagen, welche bei den andern Salinen dortiger Gegenden vorkommen, sind mir noch nicht bekannt. Von der Büdinger Saline wurde mir gesagt, daß man Felsen durchbohrt habe; ob es Basalt, Sandstein, Schiefer oder was es gewesen, weiß ich nicht. Mit Vergnügen und Dank würde ich Nachrichten empfangen, welche diese Lücke ersetzten. Ueberhaupt scheint mir der so wichtige physikalische Theil der Salzwerkskunde, besonders der von den Lagerstätten der Salzquellen und Salzberge noch zu wenig bearbeitet zu seyn. Nichts hat mir hierinnen bisher mehrere Genugthuung geleistet als Fichtels Geschichte des Steinsalzes und der Steinsalzgruben in Siebenbürgen. Daraus ersahe ich S. 18 und 19: daß gelber Thon, bald einfarbig, bald bunt, Sand von verschiedenen Abänderungen und Vermischungen mit Ocher und Thon, und zulezt fetter, schwarzer, bergölig riechender Thon, diejenigen Schichten ausmachen, welche das dortige Steinsalz bedecken.

Sollte

Sollte sich nach weiter anzustellenden Versuchen und zusammen zutragenden Erfahrungen nicht vielleicht zeigen, daß unsere deutsche Salzquellen aus oder bei ähnlichen Lagen entspringen? Die von mir eben beschriebene hat wenigstens offenbare Uebereinkunft, außer dem bergölig riechenden Thon, dessen Stelle hier der Stinkturf zu vertretten scheint.

Sollte man endlich, nach genauer Untersuchung des Strichs solche Quellen enthaltender Lagen bis zu den höheren Ganggebürgen, nicht vielleicht auf einen bisher noch unbekannt gewesenen Grund der Veredelung derer darinnen streichender Erzgänge kommen?

In den mineralogischen Briefen *) ist schon diese Vermuthung geäussert, und ich fange an, denselben Gedanken immer achtungswerther zu finden, indem ich wenigstens in unsern Gegenden immer mehr Wahrscheinlichkeit dafür antreffe.

Das Erzgebirg des Oberfürstenthums, ein weiß und gelblicher Thon, im Ganggebirg mit Spath und Quarzkörnern gemischt, zieht in mehrern ziemlich gleich laufenden Striefen durch die Aemter Blankenstein, Breidenbach und Biedenkopf quer durch das dortige Hauptgebirg von Morgen gegen Abend zu mit einigen Abweichungen. Vor einigen Jahren wurde bei Mornshausen im Amt Blankenstein auf der südlichen Seite eines eines solchen Streifs an der

Salz-

*) 1ter Band 4tes Stük 13te S.

Salzböde geringhaltiges Salzwasser entdeckt.
Als ich mich einige Zeit hernach einsmals zu
Staufenberg im Amt Giesen befand, und dort-
her dem Salzböder Thal, von da wo dies Flüßgen in die Lahn fällt, hinauf sehen konnte,
so bemerkte ich, daß ein bei Daubringen ausge-
hender gelber ocherhafter und weißer Thon, die
oftgedachte Lage, mit eben diesem Thal, das
Nordwest zieht, in gleicher Richtung lag, obgleich die Entfernung wohl über 5 Stunden
Wegs betragen mag.

Diese gelbe Flötze, oder besser Lager (denn
für eigentliche Flötze kann ich sie unter andern
deswegen nicht erkennen, weil sie sich offenbar
in die Ganggebürge hineinziehen, und darin die
Gänge durchschneiden, oder sich mit ihnen vereinigen) sind an der Ober- und Unterlahn die
veredlende 6 Uhr Gänge. Weiter hinaufwärts
mag diese Regel im Nassauischen und Hessen-
darmstädtischen nur in Ansehung der Richtung
eine Ausnahme leiden, mehr 8 bis 9 Uhr Gänge
seyn. Eine Vermuthung, welche gewiß der Wich-
tigkeit des Gegenstandes halber in der Folge durch
mehrere Erfahrungen geprüft zu werden verdient.

Da ich die Salzquellen und die Anzeigen
darauf bei Salzhausen, Maybach und Mornshausen immer nur auf der südlichen Seite des
Thonlagers gefunden habe, so will ich dieses
hier noch anführen, und künftigen Beobachtungen überlassen, ob sich solches bei andern Salz-
werken dortiger Gegend eben so verhält.

Nun

Nun zum Beschluß noch etwas über den Ursprung dieser Salzquellen. Man hat bisher meistentheils dafür gehalten, daß derselbe im westlichen Schiefergebirg zu suchen sey, ich selbst war dieser Meinung, seitdem ich aber das östliche Vogelsgebirg genauer habe kennen lernen, seitdem finde ich mehr Gründe, ihn hier zu suchen. Obgleich die Höhe dieser beiden Gebirgen noch nicht gemessen ist, so giebt es doch der Augenschein und der Lauf der Flüsse, daß das östliche höher ist als das westliche. Auf der südlichen, westlichen und westnördlichen Seite des Vogelsgebirgs, wo sich seine niedere Aeste in die Ebene verlieren, sind die Salzquellen und die beschriebene Lagerstätten derselben von Büdingen an durch die Wetterau durch bis Staufenberg, und vielleicht noch weiter, anzutreffen. Auf der östlichen Seite ostsüdwärts blüheten vor uralten Zeiten die Salzsoden zu Salmünster, westsüdwärts dieses Orts befindet sich noch jezt das Churmainzische Salzwerk bei Orb, und ostwärts die Saline zu Salzschlierf im Fuldischen *).

Wenn

---

*) Voigt in der mineralogischen Beschreibung des Hochstifts Fuld sagt S. 111. 112, daß man im Amt Salmünster auf dem Münsterberg, der mit dem Soderwald zusammenhange, auf seinem lang gedehnten Rücken Töpferthon finde, und nicht sehr weit davon feinen weißen Thon, der dem hallischen wenig nachgebe. Nach der Karte befindet sich der Soderwald und so auch vermuthlich jene Thonarten

Wenn man dieſes öſtliche Gebirg, das ſich durch
ſein baſaltiſches oder vulkaniſches Geſtein ſo ſehr
von andern unterſcheidet, im Zuſammenhang
betrachtet, und nicht beim ſogenannten Vogelsgebirg allein ſtehen bleibt, ſo wird vielleicht auch
nordwärts das Salzwaſſer zu Allendorf und
nordoſtwärts das zu Schmalkalden davon her-
zuleiten ſeyn.

Es iſt alſo dieſes hohe Gebirg, wo nicht
gänzlich, doch gewiß größtentheils, nach allen
Weltgegenden mit Salzquellen umgeben. Daß
ſich darin das Steinſalz ſo leicht nicht findet,
wie

ten auf der nördlichen Seite des Orts Soda,
wo noch Merkmale von Salzquellen ſeyn ſollen.

Nach S. 125, 126, 127. ſind die Quellen zu
Salzſchlierf im Sandſtein erbohrt. Nicht weit davon
findet ſich Trippelerde auf Kalkſtein. In dieſer
Gegend hat es, ſonderlich bei Gießel, viel Thon-
gruben, auch ſchöne Walkererde.

Ich bin verſichert worden, daß zu Kleinlüder,
ohnweit Salzſchlierf, auch ein Salzwerk geweſen,
das vor wenig Jahren erſt eingegangen ſeyn ſoll.
Die Pfannen ſollen auf den Heſſendarmſtädtiſchen
Eiſenhammer zu Schellnhauſen verkauft worden
ſeyn. Hr. Voigt ſagt hiervon nichts, daher ich
es doch bemerken wollte.

Nachdem dieſe Bemerkung ſchon gedruckt war,
finde ich zu ihrer Beſtätigung, daß Heß in ſeiner Haligraphie nicht nur des Luederer Salzbron-
nes gedenket, ſondern ihm noch den Vorzug vor
Salzſchlierf giebt.

F

wie in Siebenbürgen, läßt sich wohl daraus begreifen, weil es fast durchaus mit Basalt und Laven bedeckt ist, welche vermuthlich um die Zeit, als das Steinsalz eben eingetrocknet war, jene hohe Decken darüber gebildet haben.

Mir kömmt es wahrscheinlich vor, daß bei jenen großen Revolutionen die ebenen oder niedrern Gegenden zulezt in lange tiefe Spalten zersprungen seyen, wohinein sich die lezten, also sehr salzigen Wasser gezogen haben, und darin verdunstet seyn mögen. Eben diese Klüfte verbinden vielleicht noch jezt die zwei Gebirgsketten, die ost- und westlichen. Sie ziehen ihren Salzgehalt entweder aus ungeheuren Massen Salzstein des östlichen Gebirgs, oder aus eigener Tiefe, oder aus beiden, und würken mit ihren Dämpfen tief in das westliche Gebirg hinein Veredelungen der Gänge.

Ohne Zweifel waren diese Klüfte und die Gegenden, welche sie durchsetzen, noch lange Zeit hindurch weit niedriger, wie dermalen, wo solche, durch das, was die Fluthen von den Bergen nach und nach herabgebracht, erhöht worden sind. Vor einigen Jahren trafen die Arbeiter zu Salzhausen bei Vertiefung eines Salzbrunnens 20 Fuß unter der Oberfläche einen Elephantenzahn an. Er ist 2 Fuß lang, gebogen, und hat unten 4 Zoll im Durchschnitt. Gegen die Wurzel zu ist er abgebrochen, daher ich keine Vermuthung über seine wahre Größe wage. Auch die Spitze ist abgebrochen. Der

Kern

Kern ist eine kalcinirte Masse, in deren Mitte
sich eine kleine Höhlung befindet, um welche die
kalcinirte Schalen sich winden; der Bruch an
der Spitze hat viel graue Striefen, welche aus
dem Mittelpunkt auslaufen. Die äussere Rinde
ist rauh, theils übersintert, darunter aber ist
die Glasur auf parallel der Länge nach laufende
Einschnitte sehr wohl erhalten, und hornähnlich.

Das Salzhäuser Thal war also damals,
als dieses Thier hier dieses sein Zugehör verlor,
20 Fuß tiefer wie jezt. Wie sehr müssen sich
Berge und Thäler seit der Zeit geändert haben.
Salzquellen, welche man jezt in ziemlicher Tiefe
zu suchen hat, traten damals vermuthlich reiner
und reicher aus der Oberfläche hervor. Wer
weiß, ob dieser Umstand nicht eben so viel als
ein verändertes Klima das Seinige dazu beige-
tragen haben mag, daß sich in der alten Welt
Thiere in unsern Gegenden aufgehalten haben,
welche jezt nicht mehr darin leben können!

II.
Vulkanisches Gebirge
in der Gegend Butzbach.

In der Nähe von Butzbach rücken von Ost,
Nord und Nordwest her, basaltisch oder vulka-
nische Gebirge ziemlich nahe an das westliche
Schiefergebirge an.

Dieser

Dieſer Umſtand mußte mir, als ich mich im vorigen Jahre dort befand, Hofnung zu bemerkenswerthen Beobachtungen machen, zumal die Glaslava, vovon ich in den mineralogiſchen Briefen *) Nachricht gegeben habe, und von welcher und ihrer Lagerſtätte ich ein andresmal noch etwas nachbringen werde, ſich ebenfalls nur etwa eine Stunde von hier gefunden hat.

Vorerſt ſchien mir der Berg hinter dem nahen Braunfelſer Dorf Griedel, wegen ſeines äuſſerlichen Baues, nämlich kegelförmig, oben wie abgeſchnitten, merkwürdig. Ich beſtieg ihn, und fand, daß unförmliche Baſalte die Hauptſteinart ausmachten. Doch konnte ich keinen anſtehenden Baſalt beobachten, vielmehr, beſonders oben auf der Platte oder Ebene, auf Aeckern und in Gruben, nichts, als theils derbe, theils verwitternde loſe Baſaltgeſchiebe, und darunter ſehr viele Kugeln zu etlichen Zollen im Durchſchnitt. Dieſe Kugeln hatten keine Schalen, ſondern ſchienen dieſelben verloren zu haben, und die letzten Kerne zu ſeyn.

Das, was meine meiſte Aufmerkſamkeit auf ſich zog, war eine Menge Quarzkryſtallen und Glasköpfe am ſüdweſtlichen Fuße dieſes Berges. Unter erſteren fand ich ganz artige Stücke von Größe, Farbe, Kryſtalliſation und theils Reinheit, mit Dreiecken geſtempelte, ſchuppenartige und braune oder Rauchkryſtallen.

*) II. B. II. Heft S. 133 ꝛc.

ſtallen. Die Glasköpfe waren, wie gemeiniglich, von mannigfaltiger Geſtalt.

Einer derſelben von ziemlicher Größe und
Gewicht freute mich beſonders. Ich ſchleppte
ihn als ein unterrichtendes Stück nach Hauſe.
Sein Bruch iſt, wie bei allen Hämatiten, faßrig;
ſeine Oberfläche hat breite narbige Buckeln, die
alle mit einer Menge kleiner etwas erhabenen
Kreiſe gezeichnet ſind. Von dieſen Kreiſen iſt
der größeſte kaum einer Linſe zu vergleichen,
aber viele ſind weit kleiner. Jeder Kreis hat
wieder zwei auch drei andere in ſich, und nun
beſteht der Mittelpunkt faſt immer aus einer
Kugel, wo nicht, ſo war ſie doch allem Anſehen
nach vorhanden, und iſt verloren gegangen.

Sollte eine tröpfelnde Feuchtigkeit, oder
das Aufſpringen mehrerer Blaſen dieſe Geſtal-
ten im Kalten erzeugt haben? oder war das
Ganze eine geſchmolzene zähe Maſſe, welche
durch Waſſer oder ſonſt einen Zufall zum Spraz-
zen gebracht wurde, dergeſtalt, daß ausgeſprühte
Körner wieder auf dieſelbe Maſſe zurückfielen,
und die beſchriebenen Kreiſe bildeten? oder war
dieſer Hämatit vielleicht nur bloß bis zum Glüen
erhitzt, aufgetropfte Feuchtigkeiten ziſchten davon ab, nachdem ſie Bläschen gezogen, welche durch
ihr Zerſpringen dieſe Zeichnungen erwürkten?

Da dieſes Stück am Fuße eines Berges gefunden worden, deſſen äuſſere Geſtalt und meiſte
Steine mit den vulkaniſchen Bergen und Produkten übereinkommt; ſo iſt es mir glaublich,

daß

daß bei der Entstehung desselben, oder wenigstens
seiner gegenwärtigen oberen Rinde, auch Feuer
mitgewürkt habe,

Alle die Krystallen und Hämatiten liegen los
am Abhange des Berges in einem Bezirk von
etwa funfzig Schritten in die Länge am Wege
her. Den Anfang machen große mehrere Schuhe
hohe und dicke Quarzgeschiebe, welche gänzlich
aus Quarzkrystallisationen zusammengesetzt zu
seyn scheinen. Da, wo sich die Krystallen zu verlieren anfangen, erscheint thonschiefriges tal-
koses blauliches Gestein, welches aber weiter
westwärts, wo sich der Berg endigt, mit Ba-
saltgeschieben überdeckt zu seyn scheint. Dieses
Schiefer = und Krystallager wird wohl den Berg
durchsetzen: denn ich sahe jenseits, im Vorbei-
reiten, ungefähr in derselben Richtung auch eine
Menge Quarze in den Feldern,

Die ziemlich breite Platte oben auf der
Höhe, der östliche Theil des Bergs und dessen
Absturz gegen Westen, bestehen allenthalben aus
einer braunröthlichen magern Erde, worin die
kleinen und großen Basalte und Basaltkugeln wie
eingestreut liegen.

Da dieser Berg einen vulkanischen Gebirgsrücken, der nordwärts herkömmt, und sich in
dieser Gegend gegen Westen wendet, beschließt;
so mag die brennende Materie nur bis hierhin
gekommen, und vor gänzlicher Bedeckung des
älteren Schiefergebirgs erkaltet seyn,

Daß

Daß er aber auch ein wahrer feuerspeiender
Berg gewesen seyn mag, der die vielen losen
Basaltmassen und Basaltkugeln in die Höhe ge-
worfen habe, scheint mir ziemlich wahrscheinlich. Man bemerkt zwar keinen Becher, allein
dieses beweißt nicht, daß keiner da war. Daß
ferner das ältere Schiefergebirg nicht ganz bedeckt war, läßt sich auch noch erklären : denn
erstlich ist es eben nicht nöthig, daß ein solcher
Ausbruch von langer Dauer gewesen seyn müsse,
und zweitens mag derselbe nur wenig aus dem
Wasser hervorgeragt haben, seine Auswürfe
fielen also in die See, welche sie mit fortnahm.

Ein besonderer Umstand hat, außer dem
schon angeführten, den Gedanken von einem
Berge, der wirklich ausgeworfen, in mir erregt.
Auf oder vielmehr an dem Gipfel des diesem
Berge südwestwärts gegenüberstehenden Hausbergs traf ich unter andern eine grose Menge
loser poröser Steine an. Der Grund derselben
ist weißgrau, etwas glasigt, mit kleinen gelb-
röthlichen Schörlpunkten und Schörlglimmer,
auch mit kleinem schwarzen krystallinischen Schörl
gemischt. Aller angewandten Mühe ohnerachtet
habe ich so wenig, als einer meiner Freunde
die Lagerstätte dieser lavenartigen Steine aus-
findig machen können. Der in Vergleichung
mit dem eben beschriebenen Berg bei Griedel beträchtlich hohe Hausberg ist allenthalben, wo
man sein Inneres sehen kann, bis nahe an den
höchsten Gipfel, mit blauem Thonschiefer bedeckt.

deckt. Nur ganz oben bestehen die hervorragenden Felsen aus einem glimmerigen mit Quarz innig gemischten oder Hornschiefer.

Wie mag nun jenes Gestein hieher gekommen seyn? Ist nicht zu vermuthen, daß dasselbe durch den Ausbruch eines benachbarten Vulkans in die Höhe geschleudert, hier niederfiel? Auch von den Petrefacten, welche hier ebenfalls auf dem Rasen zerstreut umherliegen, ist mir die Lagerstätte noch unbekannt, doch scheint mir der Schiefer, worinnen sie theils unmittelbar, theils mittelbar, in einer bräunlichen ziemlich feinkörnigen Sandsteinart, eingeschlossen sind, noch weit ehe hier herum zu Hause zu seyn, als jenes poröse lavenartige Gestein.

Die Schieferlagen auf dem Gipfel sind wie durch eine besondere Gewalt in die Höhe gehoben; denn statt dem Berge auf einer Seite anzuliegen, erheben sie sich rundum, und senken sich gegen desselben Mittelpunkt. De Lüc *) hat an dem Oberlohnsteiner Gebirg ähnliche Beobachtungen gemacht, woraus sich auf eine gewaltsame Veränderung der dortigen Lagen schliessen läßt. Sonderbar ist es, daß sowohl selbst die Versteinerungen des Hausbergs, worunter viele Hysterolithen befindlich sind, als auch deren Muttergestein, mit den Oberlohnsteiner und Braubacher einigermaßen übereinkommen.

Viel-

*) Physf. moralische Briefe über die Geschichte der Erde, d. Ueberf. 99ter Brief.

Vielleicht würde man im Innern des Hausbergs noch mehr Aehnlichkeit finden.

Die Wirkungen der nahen Vulkanen mögen also wohl hier das Schiefergebirg nicht so ganz verschont haben. In den mineralogischen Briefen gab ich von dem Ausbruch einer Lava bei Weipperfeld Nachricht *). Dieser Ausbruch findet sich unter dem Hausberg, westwärts mitten im Schiefergebirge. Ich habe mich bei einer abermaligen Besichtigung dieser Stelle durch die angetroffenen kugelartigen Gestalten desselben Gesteins, und das ganze Verhalten desselben, in dem Gedanken seiner vulkanischen Entstehung nur desto mehr bestärkt.

Hat vielleicht von dieser Seite, von Weipperfeld her, eine unterirrdische Erschütterung und verborgener Brand gewürkt, und sind dadurch jene Einstürze erfolgt?

Die vielen Gräben, welche die Deutschen oder Römer um den Gipfel des Hausbergs ausgeworfen haben, müssen auch in Betrachtung gezogen werden. Es können dadurch jene jezt nur auf dem Rasen befindlichen Produkte ausgegraben worden seyn.

Eine andere Folge der in diesen Gegenden ehemals vorgefallenen großen Zerstörungen erscheinen bei Rockenburg, einem von Griedel weiter ostwärts gelegenen Orte. Die dortige An-

*) II. B. III. Heft S. 305.

Anhöhe ist mit hervorragenden und übereinander gestürzten Felsstücken von beträchtlicher Größe bedeckt. Das Gestein dieser Felsen hat ein besonders wildes Ansehen, äusserlich eine dunkelgraue Farbe, daneben nicht sowohl scharfe als vielmehr abgerundete Kanten. Erst wenn man dasselbe zerschlägt, wird man gewahr, daß es kein basaltartiges Produkt, sondern ein feuergelber Sandstein ist. Ich traf daran nirgends das schiefer- oder flötzartige anderer Sandsteine an, und verließ es unter dem Gedanken, daß die große Revolution auch solche Erschütterung um sich her verbreitet haben mag, wodurch diese Sandsteine, nachdem sie vielleicht erst im heissen Wasser, das, wer weiß welcherlei bindende Substanzen bei sich geführt haben mag, aus losem Sand zusammengebacken, erhoben und übereinander gestürzt worden sind.

In einiger weiteren Entfernung nach Morgen zu sahe ich noch zwei Kegel, auf einem ist das Schloß Münzenberg befindlich. Selbst habe ich sie noch nicht bestiegen, und kann daher weiter nichts davon sagen, als daß sie, wie der Griedeler Berg, den Beschluß eines Rückens machen: ein Umstand, den ich vielmal an den vom Vogelsberg herkommenden Gebirgsrücken beobachtet habe, daß sie sich nämlich gegen die Ebene zu meistentheils mit abgestutzten Kegeln endigen.

. .*.* *.*

Da ich seit 6 Jahren, als ich diese Schrift
entwarf, weder Zeit noch Gelegenheit gehabt,
mich über die bis dahin von mir zusammenge-
brachten Stein= und Erdarten des Vogelsgebirgs, wozu ich inzwischen noch mehrere daher
erhalten, durch Prüfungen und Vergleichungen
genauer zu unterrichten; indessen auch die Frage:
ob der Basalt vulkanischen Ursprungs seye?
manche sehr schäzbare Schriften veranlaßt hat,
wovon ich mehr Gebrauch hätte machen können,
wenn ich sie ehe erhalten oder mehr Muse gehabt hätte; so wiederhole ich nochmal: daß diese
Abhandlung, besonders in Ansehung der Stein-
und Erdarten, noch manche Zusätze und Ver-
besserungen erhalten könne.

Was Baumer Thonwacke und ich S. 56.
Breschie nannte, ist nach Becher S. 206. seiner miner. Beschr. der Dr. Nassauischen Lande,
Grauwacke — Herr D. Nose wird vermuthlich die S. 25. angeführten glasigten Schörle
für Turmelinblenden erkennen und das Gestein
bei Bohenhausen unter die Porphyrarten zählen.
Meine lavenartige Breccien werden vielleicht
andere Mandelsteine nennen rc. Am besten also
wird es seyn, die Stein= und Erdarten des
Vogelsgebirgs nach weiterer Prüfung und Vergleichung einmal besonders zu beschreiben. Nur
über das, was ich Basalt, Lava und Tufa
nenne, will ich mich noch näher erklären.

Die

Die schwarzen Wacken, welche wenigstens noch im Inneren ein in etwas glasartig schimmerndes Ansehen haben, oder woran man es ziemlich deutlich bemerkt, daß sie durch Verwitterung erdig geworden — diese allein nenne ich Basalt, gebildet, oder ungebildet (Trapp).

Zu den Laven zähle ich die mehr glasartigen, oder sehr löcherichten, dem Ansehen nach ausgebrannten Massen; zu den Tufa = oder Traßarten alle andre Gemische von vulkanischer Asche, Schörl und Zeolith, los, zerreiblich oder erhärtet, gebildet oder ungebildet. Die lavenartige Breccie S. 25. könnte im allgemeinen genommen auch hierher gerechnet werden. Die große Verschiedenheit der gleichsam eingekneteten Körnchen von der Größe eines Saamenkorns bis zu der einer welschen Nuß (ich habe sie dort nur mit der einer Erbse verglichen, hernach aber noch größere gefunden) bestimmten mich zur Benennung: Breschie.

Zu der Abhandlung vom Ursprung der Salzquellen in der Wetterau habe ich noch folgendes nachzutragen.

S. 77. Seitdem ich dieses schrieb, hat endlich dieses Fach an Herrn Struve einen sehr verdienstvollen Bearbeiter erhalten, dessen Theorie der Salzquellen den größten Dank verdient.

Nach dieser Theorie kommen die Salzquellen aus der Thonschicht, welche mit dem Salzstocke zusam-

zusammen hängt, oder vielmehr: es ist eine
Schicht, nur theils' noch mit Salz versehen,
das von dem zufließenden Wasser aufgelößt und
fortgeführet wird, theils ist sie bereits ihres
Salzgehalts beraubt. Die Salzquellen kommen nicht aus Klüften,' sondern sie folgen den
Schichten. Hiermit scheint meine Meinung
von der Entstehung der Wetterauer Salzquellen
nicht überein zu kommen, und wirklich in Ansehung der Wetterauer Quellen weicht sie auch
ab, aber doch ohne mit der Struvischen Theorie
in eigentlichen Contrast zu kommen.

Dieser verehrungswürdige Gelehrte, den
ich selbst auf seiner Reise persönlich kennen zu
lernen das Glück hatte, gründet einen Theil
seiner Theorie auf das System, welches viele
Mineralogen in Ansehung der Ordnung der auf
einander folgenden Flötzschichten annehmen. Er
nimmt an: daß beim Rükzuge des Oceans kleine
salzige Meere zurükblieben u. s. w. Nirgends
bringt er aber dabei nachher erfolgte vulkanische
Revolutionen in Betrachtung. Sein System
mag also allenthalben, wo keine vulkanische
Gebirge in der Nähe anzutreffen sind, vollkommen gegründet seyn (vornehmlich ebendes wegen
in der Schweiz, wo man nach v. Saussure Rei-
sen durch die Alpen 1. Th. §. 202. bis jezt noch
keine Spur davon angetroffen hat); mir wenigstens scheinen die Gründe, worauf dasselbe gebaut ist, sehr genugthuend.

Allein,

Allein, wenn in einer Gegend, bei oder nach dem Rükzuge des Oceans, Kies und Stein= kohlen sich entzündeten, an einem andern aber nicht: so ist leicht einzusehen, daß dort einge= schloſſenes Feuer und Dünſte die Erde auf weite Strecken berſten machen, und ſo anſehnliche Klüfte hervorbringen konnten; dahingegen hier alles ruhig zugieng: folglich ſich nur ohngeſtört Schicht auf Schicht ſetzte.

S. 50. und 51. Anm. q. ſeiner Theorie ſagt derſelbe: Die Salzwaſſer in Deutſchland folgen ſehr oft der Richtung von Süden nach Norden. Hierbei wird Soden, Homburg, Salzſod, Nauheim, Fauerbach und Hergern *) in der Wetterau zum Beiſpiel angeführt. Es iſt wahr, dieſe Salzquellen, ſo weit ich ſie kenne, (die von Hergern iſt mir nicht bekannt) gehen theils mehr theils weniger entfernt vom Fuße des von Norden nach Süden ziehenden Schiefergebirgs aus.

In dieſen Gegenden ſind die Vertiefungen, wo die Schichten Mulden machen, ehe ſie ſich gegen das Ganggebirge zu heben, wo ſich alſo das Salzwaſſer ſammlen muß. Allein eben dieſe Schichten haben nicht die Richtung von Süden nach Norden, ſondern vielmehr von Morgen gegen Abend. Es ſind einzelne Lagen, welche quer

---

*) S. 72. ſpricht Hr. Struve auch von einer Salz= quelle bei Butzbach: das wird wohl ein Irrthum ſeyn. Fauerbach aber liegt im Amt Butzbach.

quer durch die Wetterauer Ebene (deren nächstes Grundgestein unter einem hohen Leimen — bei Völbel, unter Sand und Muschelkalch — Basalt ist) hinstreichen. Wo man diese Thonlagen z. B. auch bei Oberroßbach hervorstechen sieht, da zeigen sich Salzquellen, oder würden sich wohl bei gehöriger Untersuchung finden lassen.

Den einzigen Umstand mit den, durch vulkanische Revolutionen hervorgebrachten, Klüften, als den Ursprung jener Salzlager, ausgenommen; ohne welche ich mir wenigstens diese verschiedenen von einander entfernten, die Wetterau quer durchsetzenden, Lager nicht wohl erklären kann: bleibt es im übrigen doch bei der Struvischen Theorie. Der Haupt = Salzstock liegt unter dem Oberwald uud Rhöngebirg. In den davon herkommenden ehemaligen Klüften entstanden, bei erfolgter Ruhe, Schichten gesalzenen Thons, die mit Sande bedeckt wurden. Ob man auch Kalchstein bei Erbohrung einer Wetterauer Quelle jemal angetroffen habe, ist mir nicht bekannt. In der Folge stürzten die Seitenwände dieser Abgründe durch neue Revolutionen zusammen, oder sie wurden nach und nach durch schlammiges Wasser, das aus den höheren Gegenden kam, ausgefüllt. Bei dem allen aber blieb nun die einmal vorhandene salzige Thonschicht mit dem höheren entfernten Salzschatz in Verbindung. Dieser Salzstock scheint deswegen den Quellen näher zu liegen,

als

als der, welcher den reichhaltigen Hallischen und
Lüneburger Salzwassern Nahrung giebt; weil
alle Wetterauer Quellen, selbst die besten, an
Salzgehalt eigentlich reich nicht sind. Je ent-
fernter die Quelle ausgeht, je tiefer hat das
süße Wasser den Salzstock durchdrungen, oder
je länger ihn begleitet, und je von mehreren
Schichten, welche die zufließende Regenwasser
abführten, war sie den weitesten Weg über bedeckt, und so umgewandt.

Daß die Lagerstätten der Salzquellen sich
auch in die Ganggebirge hinein ziehen sollen,
kommt freilich mit dem Grundsatze: sie bloß in
den Flötzgebirgen zu suchen, nicht überein.
Allein ist denn eine Mauer zwischen Gang- und
Flötzgebirg gezogen? Konnte nicht die nämliche
Gewalt, welche die Ebene zerriß, auch einen
Theil der angränzenden Ganggebirge spalten?
und — einstweil zugegeben; daß im wahren
Ganggebirg kein Salzwasser anzutreffen seye;
daß dieses Wasser im Wechsel am Fuße des
Ganggebirgs der Richtung desselben nach ab-
flöße, ohne hinein zu dringen: so können doch
die offenen Klüfte des Ganggebirgs die Aus-
dünstungen der Salzwasser an sich ziehen und
weiter befördern.